谨以此书献给所有不甘于平凡的人们

文化是温润心灵、舒缓压力、涵养人生的最好营养；阅读好书是获取这种营养的最好也是唯一途径。

思想决定成败

带着思想去工作

思想决定一切！

杜正梅◎编著

NEW

换个思路，就能找到出路；换个角度，就能进退自如；
换一种思想，就能换一片天地。
这样才可以把工作做到最好！

中国言实出版社

图书在版编目(CIP)数据

带着思想去工作/杜正梅编著.

—北京:中国言实出版社,2010.10

ISBN 978-7-80250-337-3

Ⅰ.①带…

Ⅱ.①杜…

Ⅲ.①成功心理学—通俗读物

Ⅳ.①B848.4-49

中国版本图书馆 CIP 数据核字(2010)第 166337 号

出版发行 中国言实出版社

地　址:北京市朝阳区北苑路 180 号加利大厦 5 号楼 105 室

邮　编:100101

电　话:64924716(发行部)　64963101(邮　购)

64924880(总编室)　64914138(四编部)

网　址:www.zgyscbs.cn

E-mail:zgyscbs@263.net

经　　销 新华书店

印　　刷 北京市德美印刷厂

版　　次 2012 年 2 月第 1 版　2012 年 2 月第 1 次印刷

规　　格 710 毫米×1000 毫米　1/16　15 印张

字　　数 200 千字

定　　价 29.80 元　ISBN 978-7-80250-337-3/B·236

前 言

Preface

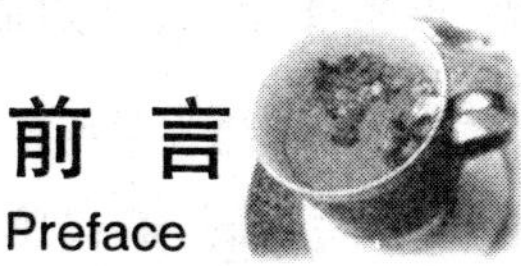

思想是思维活动的结果。它可以是一种胸藏天下、气吞山河的雄伟气魄，也可以转换为纵横天下、改变世界的强大力量。拿破仑曾经说过，世界上有两种东西最有力量，一是剑，二是思想，而思想比剑更有力量！因为剑只能刺破心脏，而思想可以穿透一切！

1800年前，马可·奥勒留在他的《沉思录》一书中写道："我们的生活，就是由我们的思想创造的。"在1800年以后的今天，这句话依然闪耀着睿智的光芒。

我们的生活由我们的思想创造，我们的工作也由我们的思想创造，我们的一切都由我们的思想创造。思想是人的全部尊严所在，全部价值所在。一个人富裕，源于思想的富裕；一个人的强大，也缘于思想的强大。人正是因思想而智慧，因思想而高贵，因思想而伟大！思想是人类最珍贵的财富，思想就是我们的灵魂，思想就是我们的主宰，思想是我们一切活动之滥觞，一切行为之源头。

工作需要思想。工作本身是一个极其复杂的过程，是需要人们用心去做的事情，没有思想，不用头脑，是不可能把工作做好的。带着思想去工作，带着智慧去工作，带着想法去工作，不仅是历史的呼唤，更是时代的必然！

勤奋努力和埋头苦干固然值得嘉奖，但只会埋头苦干就远远不够。还需要用脑、用心、用智慧。没有思考、没有想法的员工，不过是个机械听命的“机器人”、没有想法的“空心人”，遇事不主动，做事不灵活；头脑简单，思想僵化；只会照命行事，不会灵活变通；只会死板执行，不会通达机敏……这样的员工，是不可能把工作做好的，这样的员工，是低质量和低效率的代名词，是安全事故和职场麻烦的制造者！这样的员工，是企业最不欢迎的员工，是老板最烦的员工。

工作需要思想。有思想的员工，头脑灵活、眼界开阔、见解独特、想法新奇、积极思索、锐意创新、善于谋划、长于变通，工作中自始至终有自己的想法、见解、创意、个性和智慧，不断在方法上、技术上、质量上和效率上寻求更新的突破和创造更大的业绩，这样的员工，才是企业最需要的员工，老板最青睐的员工。

带着思想工作，就能敢于打破常规，突破束缚，积极创造，大胆创新，把智慧融入工作，把头脑带进工作，用自己的想法提出革新性、创造性的问题，不断创造新的业绩。

带着思想去工作，就会有想法有办法，变苦干为巧干，变死板为灵活，变呆板为机灵；勤于思索，善于变通，换个思路，就能找到出路；换个角度，就能进退自如；换个方向，就能动静相宜。因时而变，随势而动，行止有度，进退随心，应智则智，该愚则愚，通达机敏，圆热机智，大胆创新，勇于发明，当然可以把工作做得最周到、最圆满、最完美！

那么，运用你的思想，带着思想去工作吧，用思想的光芒照亮路途，让智慧的火花点燃激情，向着卓越和成功一路前行！

目 录

Contents

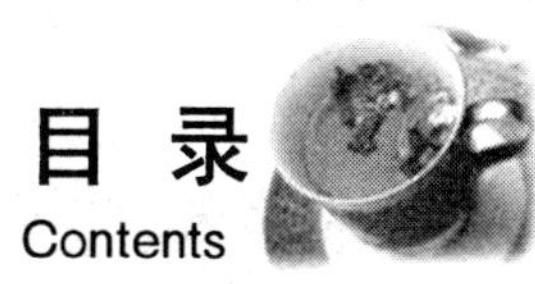

第一章 开动大脑，勤于思考：带着思想去工作

人的思想是世间最神奇伟大的东西，它可以带来一个世界，也可以毁灭一个世界；它可以创造一个世界，也可以改变一个世界；人正是因为有思想才智慧，才高贵，才伟大！

工作也是一样，因思想而优秀，而卓越，而非凡！工作需要用力更需要用心、用脑、用智慧，才能做好。所以，开动大脑，勤于思考，在工作中思考，在思考中工作，肯实干也会巧干，努力干还会聪明地干，带着头脑去工作，带着思想去工作，带着智慧去工作，才能真正把工作做到最好。

第二章 掌握方法，善于思考：有思想不是胡思乱想

有思想可不是胡思乱想，有思想还要会思想，要掌握思考的方法，勤于思

考更要善于思考，才能真正把思想融入工作，把智慧带入工作，让工作有路子、有点子、有法子。

第三章 开阔思路，打破束缚：让思想冲破牢笼

思想是世界上最自由不羁的东西，它无质无形，不落不依，天马行空，又来去无踪；但它同时也是世界上最容易被束缚被禁锢的东西，轻而易举就能被知识、观念、思维、习惯、常规以及其他任何看似微不足道的东西捆绑、束缚、控制、拘禁……带着思想工作，就一定要放开思想，开阔思路，砸碎禁锢，突破束缚，让思想走出藩篱，让思想冲破牢笼，才能把思想融入工作！

第四章 苦干巧干，方法为王：把想法变成方法

工作需要实干和苦干,但更需要的是能干和巧干。能干需要的是工作的能力,而巧干需要的是工作方法,省时、省力、省心、省料、效率高收益好的方法,就是巧干的方法。带着思想去工作,就是要多想多思考,把想法变成方法,以最好最巧的方法解决工作中的问题,取得最好的效益。

第五章 灵活机动，变通致胜：思想让工作成功转弯

变通是一门学问,更是一门艺术。不论是为人处世还是工作生活,成功者往往圆融智通,灵活机动,而碌碌无为者总是木讷愚笨、不懂变通。

善于变通,只需换个思路,就能找到出路;解脱羁绊,就能进退无碍;抛弃死板,就能动静自如。因时而变,随势而动,行止有度,进退随心,应智则智,该愚则愚,通达机敏,一定可以把工作做得最周到、最圆满、最完美!

第六章 大胆创新，勇于发明：让思想开花结果

点子是思考的结果，方法是思想的结晶，创新和发明就是思想开出的绚烂之花。创新和发明并不神秘，每一个勤于思考、善于思考的人都有可能得到精彩的创意，都有可能做出独特的发明，为岗位添彩，为工作增光，为企业创造效益，让自己优秀而卓越。

第七章 赢在思想，成在行动：让思想引领行动，走向成功

赢在思想，成在行动。思想是行动的先导，是行动的前提。心都到不了的地方，脚就永远不会到，所以要愿想敢想、大胆去想、积极去想。有想法才会有办法，有思路才会有出路；好的想法价值亿万，如果没有行动，也不过是空想。所以有想法还要有行动，有行动才能有成功。路虽远，行则将至；事虽难，做则有成！不去做，就永远也不会有成功。

第一章　开动大脑，勤于思考：带着思想去工作

人的思想是世间最神奇伟大的东西，它可以带来一个世界，也可以毁灭一个世界；它可以创造一个世界，也可以改变一个世界；人正是因为有思想才智慧，才高贵，才伟大！

工作也是一样，因思想而优秀，而卓越，而非凡！工作需要用力更需要用心、用脑、用智慧，才能做好。所以，开动大脑，勤于思考，在工作中思考，在思考中工作，肯实干也会巧干，努力干还会聪明地干，带着头脑去工作，带着思想去工作，带着智慧去工作，才能真正把工作做到最好。

1. 人因为思想而伟大

思想是人所特有的智慧和特质。人的全部价值就在于具有思想和能够思想，这是人类与动物之间最为显著的区分，也是人类之所以超越动物之根本条件！可以肯定地说：人如果没有思想，那他就与动物无异，只是一具行尸走肉罢了。因而，他没有资格称作“人”这个名称，也不配作为一个人存在着。所以，从严格意义上来说：思想就是人的全部尊严所在，全部价值所在！

动物没有思想，所以它们就没有主宰自己命运的能力，只能听天由命，因而动物的一生只能是被动的混浊的一生，永远无意识和无法掌握自己的主动权及尊严。这也是人与动物之间的根本区别，也是智能生物与普通生物的最主要分界线。是思想成就了人作为万物之灵的高贵，是思想成就了人的伟大，人正是因为思想而伟大！

人因为思想而伟大！这是法国17世纪著名的思想家布莱兹·帕斯卡尔(Blaise Pascal，1623～1662)的一个著名的观点。他在400年前就曾说过：人只不过是一根芦苇，是自然界最脆弱的东西，但却是一根会思想的芦苇。

> 我很容易就能想象出一个没有手、脚、头的人(仅仅是经验告诉我们，头比脚更必不可少)。然而，我无法想象没有思想的人，那就成了一块顽石或一头野兽了。
>
> 数学机器得出的结果，要比动物所做出的一切更接近于思想；然而，数学机器却做不出任何事情可以使我们说，它也具有意志，就像动物那样。
>
> 人显然是因为思想而生的，人的全部优点尽在于此，人的全部责任也在于按恰当的方式思想。
>
> 人只不过是一根芦苇，是自然界最脆弱的东西；但他是一根

能思想的芦苇。用不着整个宇宙都拿起武器来才能毁灭他；一团水蒸气，一滴水就足以致他死命。然而，即使宇宙毁灭了他，人却仍然要比致他于死命的东西更高贵；因为他知道自己会死去，知道宇宙所超过他的优势，然而，宇宙对此却一无所知。

因此，我们的全部尊严就在于思想。我们必须通过思想，而不是通过我们无法填充的时空来提升自己。那就让我们努力地好好思想吧，这就是道德的原则。

能思想的芦苇——我应该追求自己的尊严，绝不是求之于空间，而是求之于自己思想的规定。我占有多少土地都不会有用；由于空间，宇宙便囊括了我并吞并了我，犹如一个质点；由于思想，我却囊括了整个宇宙。

灵魂所时而触及的那些伟大的精神努力，都是它所没有把握住的事物，它仅仅是跳到那上面，而不像在宝座上那样永远坐定，并且仅仅是一瞬间而已。

人类的全部尊严都在于思想。

这就是帕斯卡尔的论断。人类的全部尊严都在于思想，因为有思想，所以有尊严，如果没有思想，也和动物差不多了。

思想具有世界上最神奇伟大的力量，它可以带来一个世界，也可以毁灭一个世界；它可以创造一个世界，也可以改变一个世界；它左右我们的一切，也主宰我们的一切！特别是在今天这样一个思想角逐的时代，一个智慧博弈的时代，一个脑力竞争的时代，一个用脑比用力更重要、巧干比苦干更重要、用智慧比用技术更重要的时代，思想比任何时候更能体现出它的珍贵、它的伟大、它的无与伦比的巨大力量！它无处不在，无远弗届；它不可替代，不可或缺。如果没有思想的指引，这个世界将无路可走；如果没有智慧的光芒，这世界将永堕黑暗；如果没有头脑的力量，这个时代就会彻底倾覆，不复存在！人因为思想而伟大，因为思想而优秀，因为思想而成功！

所以，不管我们做什么工作，都需要思想，越思想才能越优秀。古今中外的成功者，都经过了一番正确而艰苦的思考。爱因斯坦狭义相对论的建立就经过了“十年的思考”。伟大思想家黑格尔在著书立说之前曾缄默6年，不露锋芒。在这6年中，他以思为主，专研哲学。这平静的6年，其实是黑格尔一生中最富有成效的。牛顿从苹果落地导出了万有引力。有人问他有什么诀窍，他说：“我没有什么方法，只是对于一件事情作长时间的思考罢了。”

只有敢“想”、会“想”，用心去思考，敢于思考，善于思考，才会提升，才会进步，一个善于思考的人，才是一个力量无边的人。所以不要怕思考，不要怕去“想”，不管做什么事情，干什么工作，不思想就死板，越思想才会越优秀。

2. 工作需要思想，“心想”才能“事成”

没有思想的人，纵然他在工作，那也只是一种被动的或被奴役的、机械化或动物般仅仅以生存为目的劳动，这样的工作对于人类的发展没有任何意义。

工作需要思考，需要思想，需要智慧。俗话说“低头拉车更要抬头看路”，一味地埋头苦干是不可能干好工作的，用力更要用心，勤奋更要思考，在工作中运用自己的智慧，融入自己的见解，肯干也巧干，实干加思考，才能把工作尽善尽美地做好。这不仅是工作卓有成效的秘诀，也是众多成功人士的经验。

爱因斯坦对为他写传记的作家塞利希说：“我没有什么特别才能，不过喜欢寻根究底地追求问题罢了。”在这个寻根究底的过程中，最常用的方法就是思考。他自己深有体会地说：“学习知识要善于思考、思考、再思考，我就是靠这个学习方法成为科学家的。”

“数字化教父”尼葛洛·庞蒂说:“我不做具体研究工作,只是在思考。”

达尔文说:“我耐心地回想或思考任何悬而未决的问题,甚至连费数年亦在所不惜。”

牛顿说:“思索,持续不断地思索,以待天曙,渐渐地见得光明。如果说我对世界有些微薄贡献,那不是由于别的,只是由于我的辛勤耐久的思索所致。”他甚至这样评价思考:“我的成功当归功于精心的思索。”

比尔·盖茨的巨大成功也与他勤于思考、善于思考的习惯密不可分。正是这种用脑分析问题、解决问题的能力,让他创建了一个庞大的智力企业,获得了人生的成功。他常常告诫他的员工,要带着思考去工作,在工作中思考。

从这些名人故事和名言中,我们不难得出这样一个结论:思考是一个人有所创造最重要、最基本的心理品质,思考是创新思维最强大的助手,也是现代工作必不可少的一环。

我们常说“心想事成”,可见“心想”是一切“事成”的前提。如果没有“心想”的意念,自然不会产生“事成”的结果。所以,努力去做固然重要,但我们一定不能忘了思想,低头拉车一定不能忘了抬头看路,闷头工作的同时一定还要用心思考,不会思考的人是不可能有大成就的。

有一天晚上,卢瑟福走进实验室,当时已经很晚了,见一个学生仍俯身在工作台上,便问道:“这么晚了,你还在干什么呢?”

学生回答说:“我在工作。”

“那你白天干什么呢?”

“我也工作。”

“那么你早上也在工作吗?”

“是的,教授,早上我也工作。”

于是,卢瑟福向他提出了一个问题:“那么这样一来,你用什么时间思考呢?”

思考?这个学生之前显然没有意识到这个问题,做学问还要思考!

后来,这个学生通过仔细观察发现,每天傍晚,不管实验工作进行得顺利还是不顺利,卢瑟福总是在走廊里散步,那种神情表明他正在思考。

卢瑟福经常对学生说:“不要死记硬背,也不要满足于实验,而要学会思考。只有勤于和善于思考的人,才能获得知识,取得成就。”

做研究如此,做任何事情都是如此。思考是我们的思路通往外界的一扇窗。通过思考,我们的思维才能够在知识的天空翱翔,取得出众的成果。

工作是一个手脑结合的复杂过程,工作并不是一味地埋头苦干就能干好的。工作不仅要用力,更要用心、用脑、用智慧才能做好。不用脑、不思考、没有自己的见地、没有融入智慧的工作是不可能有改进、有革新、有进步的;没有思考、没有想法的员工,不过是个机械听命的“机器人”、没有想法的“空心人”,不会“心想”,只会照命行事,不会灵活变通,又如何可以“事成”?特别是在现在这样一个高科技时代,每一项工作都需要员工充分发挥自己的主观能动性的时代,需要思考、需要智慧的时代,只懂埋头苦干,已经远远不够,只有善于用脑,勤于思考,把思想用到工作中去,才能真正把工作做好。

3.不会用脑,勤奋未必能成功

“天道酬勤”是一句古训,它告诉人们:只要我们自强不息,勤劳付出,上天会予以奖励和回报的。但许多事实证明:天道有时未必酬勤——如果不懂得思考的话。

有些勤奋的人外表看起来很让人敬佩，因为他们兢兢业业。他们不论是星期天或休假日，都不惜将自己全部的精力放在工作上。一旦工作中断，他们就像丢了魂似的心神不定。可是，这种人往往得不到重用，等他们老了，感到自己的一生过得并不精彩。相比之下，一些看起来并没有他们勤奋的人，却得到了比他们更大的成就。这是为什么呢？关键就在于是不是用了心，是不是思考了，是不是把你的思想带到工作中去了。

对于同一项工作，有的员工可以十分轻松地完成，可是有的员工在还没有完成时就不时出现这样那样的问题。比如在同一生产线，同一个时段里，同一台设备，生产同样的产品，让不同的人来做，产量和质量会完全不一样。这除了个人反应能力等先天条件外，关键就在于有的人用大脑在工作，他会去考虑如何用有效的方式在最短的时间内生产更多更好的产品；而有的人仅用双手在工作，只会用力，再勤奋也没有多大的成绩。

在某公司担任办公科员的老张，几十年如一日废寝忘食地工作。大热天，别人都到楼下乘凉去了，只有他家的灯是亮着的。

上级总是拍着他的肩说，好好干，有前途。可他干了几十年了，一点变化也没有，而他的很多下级都纷纷升了上去。为此，他很想不通。有个年轻人提醒他："你是在工作，而不是做学问，做学问可以废寝忘食，可以不问一切，但工作需要花费一些精力用来思考其他的一些事情，比如处好人际关系，与大家更有效地协作等。你一天到晚都忙于自己的工作，对你周围的人既不熟悉也不了解，当然别人也就不了解你，有你不多，无你不少，也就想不起来推举、提拔你了。你如果下班后经常和大家一起谈天说地，和大家一起去活动活动，也许效果会好得多。"

其实在职场有很多像老张这样的人。"每天都很忙，可是却忙而无功"；"自己感觉已经付出了很多，但得到的却是老板的责骂"；"平时没有一刻空闲，但到总结工作时却说不出完成的成果"、"早已身心疲惫，但觉得还一无所获”的人有很多。因为他们只做不想,在不知不觉的磨磨蹭蹭中浪费了宝贵的生命。

从某种程度来讲,工作就是一个思考的过程;工作取得进步,就是不断思考并不断改进的过程。思考得多了,想到的方法自然就多了。一般人认为,作为一名员工,只要勤勤恳恳、任劳任怨地完成老板分配的任务就可以了。其实这远远不够,你必须停下脚步,学会思考,尤其对于那些想提升自己位置的员工来说,更是如此。

比尔·盖茨在谈到优秀员工的工作方式时认为:优秀员工的工作方式是用大脑工作。用脑工作的员工会去考虑如何用最低的成本、最少的时间把工作做得更好。

一个人要想使勤奋、敬业等这些好的品质在正方向上发挥其应有的作用,就不应该抱着“我只要努力工作”的想法,而应该多想想:“我这样做是否有价值?能创造什么效益?”你常常这样去想,收放也许比你一味地苦干、勤奋要好得多。一定会让你的工作干得出色甚至精彩。

汉夫特是加拿大渥太华一家宾馆的主人,他以“懒惰”著称。凡是能吩咐给手下干的事,他绝不亲自去做。宾馆业务虽然繁忙,他却整天悠闲自在。有一年圣诞,他让宾馆全体员工分别评选出10名最勤快和10名最“懒惰”的员工。汉夫特叫人把10名最“懒惰”的员工叫到他的办公室。这些员工心里七上八下,心想老板大概要炒我们的鱿鱼吧,因而满脸沮丧。可是令他们没有想到的是,一进门,汉夫特就说:“恭喜各位被评为本宾馆最优秀的员工。”

这10名员工感到莫名其妙。看着他们一个个目瞪口呆的表情,汉夫特招呼他们坐下,微笑着解释道:“根据我的观察,你们的‘懒’突出表现在总是一次就把餐具送到餐桌上,习惯于一次就把客人的房间收拾干净,一次就把工作干完,讨厌多走半步路,讨厌做第二次。因而在别人眼里你们整天闲着,在偷懒。但依我看，最优秀的员工全无例外地都是‘懒汉’，因为他们‘懒’得连一个多余的动作都不会去做。而勤快员工的‘勤’，大多表现在他们整天忙忙碌碌，不在乎把力气花在多余的动作上，做一件事不在乎往来多少趟、花多少时间。这样能有效率吗？”

光勤奋是不够的，低头拉车还要抬头看路，埋头苦干更要用心思考，只会埋头苦干，不会用心思考，不善于总结分析、深入研究、掌握规律，就不能及时发现问题，增强工作的预见性，而使工作十分被动，效率低下，再勤奋也是事倍功半，得不偿失，这样的员工怎么算得上是优秀的员工呢？苦干加巧干才是能干。成就事业固然需要兢兢业业、默默奉献的精神，但更需要用心工作、用头脑工作的人才。思考是制造伟大事物的摇篮，思考才能有效率，思考才能看清问题的本质，思考才能把工作做得更好。

4. 勤于思考，让工作“聪明”起来

有人说，思想是“地球上最美丽的花朵”，而这美丽的花朵只有在勤奋的思考中才会绽开。所以，要在你的工作中欣赏到地球上最美的花朵，就必须要勤于思考、科学思考，把思想融入你的工作，把智慧倾注于你的工作才行。

努力苦干只能及格，带着思考去工作就能优秀。也许思考短时间内未必省力，甚至可能要花更多精力，但长远地看，运用智慧、用脑做事的人对企业才最有价值。所以，养成思考的习惯，是要成大事的人必备的条件，也是众多企业最为尊崇的信条。

世界著名电脑商 IBM 公司每一位管理人员的桌上都摆着一块金属牌，上面写着“Think（思考）”。这个一字箴言，是 IBM 的创始人汤姆·沃森创立的。

那时候，汤姆·沃森还在 NCR（国际收银机公司）担任销售部门的高级主管。他经常会召集一些会议，但他也发现，很多时

候这些会议都流于形式。会场气氛沉闷，无人主动发言，被要求发言的人也大多搪塞了事；当有人发表意见时，听发言的人毫无反应，甚至根本就没在听。这让汤姆·沃森感到很恼火。

一天，在又一个冗长沉闷的会议快结束时，他干脆放下正在谈论的工作，直接问自己的下属，为什么他们不愿意把自己的真正想法说出来，或者提出有建设性的意见？毕竟，这和大家的销售工作息息相关啊！

下属们说："习惯了被动地接受会议后的决定，再说，自己不过是个普通销售员，勤动嘴、多跑腿就好了。"

汤姆·沃森沉吟了半晌，突然大步走到黑板前写下了一个很大的"Think"。他转过身来对大家说："不！我要请大家注意，作为销售人员，我们不是靠跑腿、动嘴，而是靠动脑才能赚到薪水的。我们共同的缺点是，对每一个问题都没有充分地去思考。"

后来汤姆·沃森创立了IBM，他把这个单词带到了自己公司。近一百年来，这个单词一直被每一个IBM人遵守。

思考是行动的先导，没有成熟的思想，苦干其实就是蛮干，不仅无功，甚至会有过，所以，光知道苦干是不行的。低头拉车更要抬头看路，埋头工作更要用心思考。低头拉车是脚踏实地，埋头苦干；抬头看路，是辨别道路，认清方向。埋头工作是勤奋努力，用心思考则是融入智慧。只有思考了，才能看到最美丽的思维之花，欣赏到思想盛开后的那种惊艳的感觉。

一次，一个食品店接到了一位刁钻古怪的顾客的订单。上面写道："定做9块蛋糕，但要装在4个盒子里，而且每个盒子里至少要装3块蛋糕。"这位顾客傲慢地说："贵店不是以讲信誉闻名远近吗？如果连这点小事也办不了，嘿嘿，今后还是把招牌砸掉算了。"如果你是店员你能跳出这个陷阱吗？

答案是：先将9块蛋糕分装在3个盒子里，每盒3块，然后再用一大盒子将3个小盒子装在里面。

你看，思想真是世界上最美的一朵花！

我们注重勤于思考的威力，但并不是否定埋头苦干的成绩。埋头苦干是值得赞赏的品质，只是一味地埋头苦干，却并不值得提倡。我们常常会看到一些员工俯下身子工作，兢兢业业，任劳任怨，像老黄牛一样只顾埋头拼命拉车，想当然地认为出力越大，车就跑得越快，但结果却事与愿违，往往工作成效不大，发展前景不佳。究其原因，就是努力多了，思考少了。

当我们从一味埋头苦干中走出来，用心去寻找方法时，就会发现，原来每一份工作、每一件事情，都可以用智慧去武装，都能够用最省时省力的方式，达到最好的效果。

大家都知道龟兔赛跑的故事，兔子因为在比赛中睡着了而输给了乌龟。在一次培训课中，老师讲到“新龟兔赛跑”的故事：这次兔子没睡觉却还是输了，请大家分析这是为什么。

有人说，赛跑时要经过一条河。乌龟是直接游过去的，而兔子是绕过去的，所以乌龟赢了。

有人说，这是只花心兔子，他在赛跑时遇到一只母兔子，就忘记了比赛，谈恋爱去了。

还有人说，因为兔子方向跑反了！

这里最值得我们警惕的是：因为跑反了方向。

在职场中，无论你多么聪明，无论你多么拼命，如果没有思想，只会机械地听命，木头人一样地完成自己的任务，结果有可能还会跑反了方向，与成功背道而驰，离成功越来越远。

努力工作很重要，但聪明地工作比努力工作更重要。努力工作只是实干，苦干，机械地干，被动地干，而用脑做事则是巧干，妙干，创造性地干，主动地干，聪明地干；聪明地工作意味着你要学会动脑，用思考代替埋头苦干。如果你一味地忙碌以至于没有时间来思考少花时间和精力的方法，那是得不到事半功倍之效的。事实证明，要获得高绩效，就要明白“巧干胜于蛮干，聪明胜于拼命”的道理，并在工作中以此为指导原则。

一家大的化妆品公司曾收到客户投诉，买来的香皂打开一看，盒子里面是空的。为了预防此类事情再次发生，该公司投入了大量的人力、物力研发出了一台X光监视器去透视每盒刚刚生产出来的香皂盒。同样的问题也发生在另一家小公司，他们车间的一位技术员脑筋一转想到了一个绝妙的简单方法：买一台强力工业用电扇，放在输送机末端，去吹每个香皂盒，被吹走的便是没放香皂的空盒。怎么样，够简单、够聪明吧？

会想，会思考，有时真的胜过一切。因为成熟的思考总能最清楚地看穿事物的本质，并能从中找出最好的应对方法来，让胜利属于自己。

战国时，齐国的田忌很喜欢与王公大臣玩赛马，却因自己的马不如别人的马而经常输。原来，田忌的马上中下三等都比对手的马差一些，若对等相比，田忌肯定全输。田忌手下有一名谋士叫孙膑，他身小体弱还双腿残疾，就是有一样——他爱思考，而且会思考，有一颗无与伦比的聪明脑瓜。他对田忌说：“将军既然这样喜欢玩赛马，我可以设法让咱们赢过对方。”田忌一听非常高兴，也非常相信孙膑，就与齐王和诸公子大臣下千金赌注来比赛马。待到开始比赛时，孙膑就对田忌说：“将军，先用我们的下等马与对方的上等马比，再用我们的上等马与对方的中等马比，最后用我们的中等马与对方的下等马比，肯定能胜。”田忌就遵照孙膑之言而行，三局比赛下来，结果田忌以一负二胜赢得了对方。在马匹、技术、骑手等条件均无改变的情况下，孙膑只是巧妙地改变出场次序，结果在整体处于劣势的情况下却取得了胜利。

可见聪明地工作多么重要。不管是从企业的需要还是个人的发展出发，我们都应提倡聪明地工作。

什么才是聪明地工作呢？聪明地工作意味着你要学会动脑，用思考代替埋头苦干，而不是一味地埋头苦干。聪明地工作包含了个人能力发挥、角色到位、工作计划、时间管理、知识管理以及个人与团队的关系等各个方面，而这一切都围绕着企业与个人和谐共生与共同发展而展开。

在对业绩不佳的人进行评价时，人们常说：没有功劳，也有苦劳。在这种环境熏陶下，人们往往更多地关注自己对于企业的时间和精力付出，认为只要忙碌地工作着就可以了，却不关心这样的付出是否真的产生绩效。很多人衡量成绩的标准就是自己的付出，而不是付出所产生的效果。

然而，随着社会的进步，知识经济的到来，企业的管理者对员工业绩的考核逐渐转变为以结果为导向：过程是重要的，但结果更重要。如果付出很多却没有回报，那只能是做无用功，再忙也是白忙。

小张与小黄毕业于某名牌大学企业管理专业，并同时进入一家中型企业。

小张工作努力认真、踏实肯干，除了工作就是工作，他好像总有做不完的事，而且还常常自动留下来加班，天天工作到很晚才下班，但遗憾的是工作业绩平平。

小黄呢？如果用传统的“认真”来衡量，他则有些“不务正业”。他的想法和做事的方式都与众不同，从不墨守成规的他总是琢磨一些“懒办法”——别人两小时完成的，他就想办法争取一个半小时完成；相同条件下，别人做到10分的效果，他要努力做到12分……主管交给他的任务，他不但能完成得干净利落，而且效果都能令人满意。做完主管安排的工作后，小黄还经常主动向主管申请做一些额外的工作，而且工作之余他还经常主动去找同事、主管交流工作中存在问题，很快就与大家建立了很好的工作和私人关系。

一年后，小黄得到提拔并被委以重任，小张则只获得象征性的加薪鼓励。

这让小张心里非常不平，认为小黄工作没自己认真，而且还总是逢迎拍主管马屁，凭什么业绩考核反而比自己好？而且还受到公司的重用？自己为公司付出了那么多，反而落得竹篮打水一场空。他越想越觉得不好受，于是向总经理递交了辞呈。

现实中，类似小张这样的人并不在少数，就是传说中的“老黄牛”式的人物。人们习惯地认为“老黄牛”式的员工就是好员工，但在现在这样的时代，“努力”工作的人并不一定会受到上司的赏识。即使你付出了百分之二百的努力，如果没有给企业带来实际的效益，要想得到老板的赏识也是不太可能的。在这个以效率为先、靠业绩说话的时代，努力工作固然重要，但更重要的是要用脑子，蛮干很难得到认可和赏识“老黄牛”早就该下课了。唯有既肯干且干出成绩来的员工，才是不会被淘汰和取代的人才。

在意大利有一个小村庄，村里除了雨水没有任何水源，为了解决饮水问题，村里人决定对外签订一份送水合同，以便每天都能有人把水送到村子里。村子里有两个年轻人，分别叫布鲁诺和柏波罗，他们愿意接受这份工作，于是村里的长者把合同同时给了这两个人。

签订合同后，布鲁诺便立刻行动起来。他每天在10公里外的湖泊和村庄之间奔波，用两只大桶从湖中打水运回村庄，倒在由村民们修建的一个结实的大蓄水池中。每天早晨他都必须起得比其他村民早，以便当村民需要用水时，蓄水池中已有足够的水供他们使用。由于起早贪黑地工作，布鲁诺很快就开始挣钱了。尽管这是一项相当艰苦的工作，但他还是非常高兴，因为他能不断地挣钱，并且他对能够拥有两份专营合同中的一份感到满意。

柏波罗呢？自从签订合同后他就消失了，几个月来，人们一直没有看见过他。这令布鲁诺兴奋不已，由于没人与他竞争，他挣到了所有的水钱。那么，柏波罗干什么去了？原来，柏波罗做了一份详细的商业计划书，并凭借这份计划书找到了4位投资者，和自己一起开了一家公司。6个月后，柏波罗带着一个施工队和一笔投资回到了村庄。花了整整一年时间，柏波罗的施工队修建了一条从村庄通往湖泊的大容量的不锈钢管道。

后来，其他有类似环境的村庄也需要水。柏波罗便重新制定了他的商业计划，开始向全国甚至全世界的村庄推销他的快速、大容量、低成本并且卫生的送水系统，每送出一桶水他只赚10分钱，但是每天他能送几十万桶水。无论他是否工作，无数的村庄每天都要消费这几十万桶水，而所有的这些钱便都流入了柏波罗的银行账户中。

从此，柏波罗幸福地生活着。而布鲁诺在他的余生里仍然拼命地工作着，却还是时时在为未来担忧。

在工作中，我们是否问过自己："我究竟是在修管道还是在挑水？""我只是在拼命地工作还是在聪明地工作？"事实上，仅有拼命还不够，我们更需要聪明地工作、创造性地工作才能真正把工作做好做出色，做完美，甚至那些看似不可能的事也一样可以完美地做到。

一次，"酒店大王"希尔顿在盖一栋新酒店时，突然出现资金困难，无法继续盖下去了，在银行又贷不到款，他急得团团转。突然，他想到了一个妙计：找那位卖地皮的商人协商！要他给自己"免费"盖酒店。

对此你是不是觉得太奇怪呢？哪有人傻到卖地皮给你，然后还把楼给你盖好的？但是希尔顿却做到了！

希尔顿找到那个地产商坦言地对他说没钱继续盖酒店！地产商漫不经心地说："那就停工呗！等有钱了再盖吧！"

希尔顿回答道："这个我当然知道，但是，假如我的酒店总拖着不盖，恐怕受损失的不只我一个吧！说不定你的损失比我更大呢。”

地产商纳闷了，你盖酒店与我何干？希尔顿接着说：“你知道，自从我买你的地皮盖房子以来，周围的地价已经涨了好几倍。如果我的酒店突然不盖了，你的这些地皮价格就会大受影响！如果有人再宣传一下，我的酒店盖不了的原因是因为这个地方不好，准备另迁新址，那又会怎样呢？”

“那你想怎么样？”地产商紧张起来。

“很简单，你暂且帮我一把，将房子盖好再卖给我，我当然会付钱给你的，但不是现在给，而是从我的利润里分期支付！”

地产商虽然很不情愿，但是考虑到整体利益，还是决定做一回“傻子”，盖这栋新酒店。

希尔顿在缺乏资金、无法建筑楼盘的情况下，运用全面联系的思维方法从不同的角度分析了楼房不能完工的负面影响，终于克服困难，越过障碍，如愿地达到了目标。

在很多人眼里，希尔顿的打算本来是一件完全不可能做到的事情，让自己的地产商盖酒店，还等赚了利润再给钱，简直是异想天开一样，而希尔顿却做得天衣无缝，又合情合理。

我们不得不佩服希尔顿的智慧，经营大师就是大师。同样是危机，他的聪明和智慧帮他解决了大问题！

有头脑、有思想、善于用智慧工作的人总是敏于思索，思维转得非常快，不管工作中遇到什么难题他们都可以轻松应对。

我国前外交部长李肇星一向以“言辞犀利”而著称。2005年，在和网友的一次交流中，一位网友带着明显刁难的口吻说道：“您确实非常优秀，但您的长相我不敢恭维。”

如果换了一般人，面对这样的问题，可能会感觉左右为难：

不理会吧，大家都看着呢；为自己辩解吧，又太多余；说他几句，又显得很没风度……

而李部长只用了简单幽默的一句话，就轻轻松松将所有问题都解决了："我的母亲可不这样认为……"

这一句话，也成了当年网络上流传的经典，无数网友都记住了这个充满智慧的回答。

还有一次，李肇星到美国俄亥俄州大学演讲。一位美国老太太义愤填膺地说："你们为什么要'侵略'西藏？"

面对老太太的质问，李肇星并没有直接反驳。当他了解到老太太是得克萨斯州人后，心平气和地说了这样一段话："你们得克萨斯州1845年才加入美国，而早在13世纪中叶，西藏已纳入中国版图。您瞧，您的胳膊本来就是您身体的一部分，您能说您的身体侵略了您的胳膊吗？"

老太太一听，忍不住笑了，接着她热烈地拥抱了李肇星，连声说："谢谢您，谢谢您让我明白了历史的真相。"

如果是换成我们，面对老太太的质问又会怎样回答？或许会花上一个小时甚至更多的时间，滔滔不绝地从西藏的历史讲起。

这样耗费了大量的时间，老太太却未必能听懂，到最后，她可能还是固执地认为"中国'侵略'了西藏"。而李肇星的回答，却是"四两拨千斤"，用最简单的回答，达到了最佳的效果。这就是聪明工作的魅力。

聪明工作的关键就是用脑。一个不会思考不会用脑的员工是不可能聪明工作的，他只会死板地听命，机械地服从，这样的员工，是不可能有大成就的。

一天，一个制造工厂的首席执行官决定到基层转转，进行他的"走动式管理"。随后，他碰上了一个名叫特德的设备操作员，很明显，特德正无事可做，被问及发生了什么事时，这个员工解释说正在等一个技术员来校准设备，并不失时机地抱怨已经等该技术员很长时间了，电话打了好几次，还不见人来。

首席执行官问："特德，请你告诉我，这台设备你用了多长时间了?”

特德回答说:“哦,先生,我想大概有20年了。”

首席执行官继续说:“特德,你是不是告诉我,用了20年你还不知道如何校准这台设备?这很难让人相信,因为我知道你可能是我们最好的机械师。”

“哦,先生,”特德自豪地回答,“我闭上眼睛都能校准这个设备。但你知道,校准设备不是我的工作。我的工作描述上说了,期望我使用这台设备,并将校准方面的问题报告给技术员,但不必修理设备。我不想让任何人烦恼。”

首席执行官忍住自己的沮丧,邀请这位设备操作员到办公室,并请他拿出一份工作描述。“我要告诉你,”首席执行官说,“我们将为你写一份更有意义的全新工作描述。”首席执行官再没有说其他的话,就将那份工作描述撕掉了,并很快在一张新表上写了点什么东西,递给了特德。

新的工作描述就一句话:“用你的脑子。”

曾经,我们以“老黄牛精神”激励人,让人人都做埋头苦干的“老黄牛”。但是,现在仅仅有埋头苦干的精神已经不够了,我们不仅要努力工作,更要学会聪明工作。聪明的工作,需要创新突破,需要思考优化,需要学习进取,需要团队合作,需要工作与生活平衡。拼命地工作不一定能如预期那样给自己带来快乐带来想象中的成就,只有用聪明地工作代替拼命地工作,才能既多一些时间享受生活,又获得更佳的业绩。

所以,工作要努力,但更要聪明,努力工作更要聪明地工作。

5. 有思想,事半功倍;无思想,事倍功半

为什么用力还要用脑?为什么工作还要思考?为什么有思想比勤奋更重要?答案非常简单:有思想,事半功倍;无思想,事倍功半。

两个农民比赛谁的土豆窝挖得直。商量好之后，农民A就拿起工具开始行动。他是怎么做的呢？在挖第二个土豆窝的时候和第一个对齐，他以为这就是最妥当的方法。谁知，等到他挖完了一行的时候，发现自己的土豆窝已经向一边倾斜了很多。

这个时候，农民B刚刚做好准备。他先在农田的另外一头插上了一根长长的竹竿，然后开始不紧不慢地挖起土豆窝来。不一会儿，一条笔直的土豆窝线便出来了。

A大惑不解，和B交谈起来。B告诉他，在开始行动的时候，他先仔细考虑了究竟什么叫直，怎么才能挖得直。他得出的结论是，直就是从农田这边到农田那边定好的一段笔直的线，单单两个土豆窝子是直的是不行的。于是他便在田那边竖起一根竹竿，照着竹竿的方向挖，一旦发现微妙的偏差，便开始调整。他评论A的方法说，看着前一个土豆窝决定第二个土豆窝的位置，如果第一个有所倾斜，第二个就会跟着倾斜，这样就越来越斜了。

你看，一个简单的挖土豆窝都可以有这么大的学问，有思想，就能事半功倍。思考不思考，就会有这么大的不同。

工作是一个极为复杂的过程，不管有多忙，我们都应该停下脚步，花点时间，学会思考。不要以为这是浪费时间，“磨刀不误砍柴工”，你的思考会为你带来高效。

1993年，张大中从开张的玉泉路音响城上看到了商机。他发现，偌大一个北京城，卖音响的店没有一家大到能够把所有的品牌、零配件集中起来销售的。张大中在想，如果能够做一个大型的音响城，顾客进来之后能够选购到国内外各种各样的音响，该是多有吸引力的一件事啊。思考之后，他把玉泉路一家几万平方米的商场租了下来，成立了一家大中音响城。半年之后，京城老百姓都知道玉泉路有个最大的音响城，里面所有的音响一应俱全，选择余地很大。就这样，他的音响城一炮而红。

过了一段日子，张大中又在想，如果只卖音响，虽然专业，能够吸引到不少顾客，但是毕竟经营范围还是狭窄一些。如果把和音响同属于家电的其他产品也作为经营范围，那岂不是能吸引到更多的普通老百姓？张大中想到了就去做，他把玉泉路的音响城改成电器城，顾客果然慕名而来，营业额节节攀升。

作为一个成熟的思考者，张大中马上又发现了其中的机会。很多顾客过来买电器，图的是品种全，价格便宜，但是受地理位置的影响，很多距离远的顾客并不一定方便过来。而且，北京很大，在玉泉路开店能赚钱，在别的人多的地方开店也能赚钱。于是，张大中在北京城里各处开了连锁店，成为当时北京市最大的家电连锁企业。其实那个时候，连锁的概念并不是普遍流行，但是张大中通过对市场的研究和思考，最终走上了连锁经营的道路，“大中电器”也因此成为极其著名的商业品牌。

张大中的成功，可以归结为思考和行动的完美结合，认真仔细地思考之后再去实行，一步一步来，逐渐发展成为商业大鳄。花足够的时间去思考和准备，既简单又有效。所以，做事时不要一味盲目地埋头去做，而是要多思考，带着思想，运用你的智慧。

工作需要思考，有思想才能事半功倍，那如果没有思想呢？就只会事倍功半，费力不讨好。

有两个同龄的年轻人同时受雇于一家公司做业务员，并且拿着同样的薪水。过了一段时间，叫张三的小伙子得到了提升，做了业务经理，并且得到了双倍的薪水；而那个叫李四的小伙子却仍在原地踏步。李四很不满意老板的不公正待遇，他认为自己与张三付出了同样的心血。终于有一天，他到老板那儿发牢骚了。老板耐心地听着他的抱怨，考虑了一下，说道：“小李，这样吧，你去市场看一下，看看有什么卖的是与我们公司产品相关的。”

李四到集市兜了一圈，回来报告说，只有一个人在卖水泥。

老板问：“有多少？”

李四赶紧又跑到集市上，然后回来告诉老板，一共60袋水泥。

“价格是多少？”

李四又第三次跑到集市上问了价钱。

“好吧，”老板对李四说：“现在请你坐在这儿，一句话也不要说，看看张三是如何处理的。”

张三很快从集市上回来了，并汇报说，到现在为止，只有一个卖水泥的是与公司产品相关的，一共是60袋，价格是多少，水泥质量很是不错，他带回了一些让老板看看，还把那个卖水泥的人也带回来了，因为他现在有质量更好的瓷砖，而这也是公司所需要的，正在外面等着回话。

此时，老板转向了李四，说：“你现在肯定知道答案了吧？”

李四跑了三趟，才在老板的不断提示下，了解了市场水泥的部分情况；而张三只一趟，就掌握了老板需要的信息。

李四工作时总是抱着“努力工作”的想法，而不是遵循“老板需要我做什么”的做事原则。由于李四的工作方针出现了偏差，导致的结果是他经常做无用功，甚至给工作添乱。此刻，李四所持有的勤奋敬业的态度反而成了他的弱项。

事实上，现实生活中有不少人都像李四一样，只做上司吩咐过的事情，从来不用大脑去思考如何把事情做细、做精，让上司满意，而是接到工作就像老黄牛一样拼命去做。工夫下了，力气花了，事情呢，却并没有做好。

因此，在工作中就应该用心——带着思考去工作，以最高的标准要求自己，能做到最好，就必须做到最好。这不仅能促进你把工作做好，也是为你带来收益的良方。

不管是多么平凡的岗位，也一样需要你的智慧。所以，不要吝啬你的智慧，贡献它吧。如果你是一名服务人员，就多想想顾客希望得到怎样的服务，而不是你想给他们怎样的服务；如果你的工作是产品设计，请多想想什么样的产品能够让顾客眼前一亮，并且使用方便；如果你是做销售，那么也请想想你的客户会需要怎样的服务，针对不同的人，采用不同的销售方法；如果你是做秘书工作，就要多站在上司的角度思考，提前帮他把各项工作做好……

6. 企业最需要有思想的智慧型员工

既踏实肯干又懂得思考的员工是最有价值、最有发展前途的员工，也是企业最器重、老板最看重、同事最敬重的“钻石”员工。因为这样的员工是明白人、聪明人、高效工作的人。他们不像很多苦干型员工那样只懂得勤劳和辛苦，而是愿意苦干，更懂得巧干，不仅仅在用力工作，更是在用心工作，用智慧工作，他们的工作效率、工作业绩理所当然地大大超过那些聪明或者勤奋的员工，他们当然最受欢迎。

谁都希望成为这样的“钻石”员工，但唯有有思想的智慧型员工，才能真正成为单位最有潜力、最有发展、最受器重的“钻石”。

纵观那些杰出的成功人士，在他们刚刚起步、还只是普通员工的时候，就已经显示出了不同一般的智慧，而这些思想和智慧最终使得他们能够脱颖而出，成为最耀眼的“钻石”。

多年前，美国兴起石油开采热。有一个雄心勃勃的小伙子，也来到了采油区。但开始时，他只找到了一份简单枯燥的工作，他觉得很不平衡：我那么有创造性，怎么能只做这样的工作？于是便去找主管要求换工作。

没有料到，主管听完他的话，只冷冷地回答了一句：“你要么好好干,要么另谋出路。”

那一瞬间,他涨红了脸,真想立即辞职不干了,但考虑到一时半会儿也找不到更好的工作,于是只好忍气吞声又回到了原来的工作岗位。

回来以后,他突然有了一个感觉:我不是有头脑有智慧吗?那么为何不能就在这平凡的岗位上做起来呢?

于是,他对自己的那份工作进行了细致的研究,发现其中的一道工序,每次都要花 39 滴油,而实际上只需要 38 滴就够了。经过反复的试验,他发明了一种只需 38 滴油就可使用的机器,并将这一发明推荐给了公司。可别小看这一滴油,它给公司节省了成千上万的成本!

他就是洛克菲勒,美国最有名的石油大王。

如今,最受青睐的员工早就不是只懂得像“老黄牛”般苦干实干的员工了。对每件充满困难和阻力的事情,“老黄牛”型员工只懂苦干,付出的汗水和力量是别人的几倍,但往往还达不到最好的效果。与此相反,那些最有成就的员工,都是像洛克菲勒一样懂得用力更懂得用脑的员工。正因为他们既能勤奋吃苦,又能经常想出方法来解决问题,所以能取得更大的工作成果,也能为自己创造更多的机会。

有一次,日本松下公司要招聘一名高级女职员,一时应聘者如云。经过一番激烈的比拼,静子、慧子、珍子三位女士脱颖而出,成为进入最后阶段的候选人。三个人都是名牌大学的高材生,又是各有千秋的美女,条件不相上下。她们都在小心翼翼地做着准备,力争使自己成为“笑到最后”的胜利者。

这天早上 8 点,三人准时来到公司人事部。人事部长给她们每人发了一套白色制服和一个精致的黑色公文包,说:“三位小姐,请你们换上公司的制服,带上公文包,到总经理室参加面试。这是你们的最后一轮考试,考试的结果将直接决定你们的去留。”三个人脱下精心搭配的外衣，穿上那套白色的制服。人事部长又说：“我要提醒你们的是，第一，总经理是个十分注重仪表的先生，而你们所穿的制服上都有一小块黑色的污点。毫无疑问，当你们出现在总经理面前时，必须是一个着装整洁的人，怎样对付那个小污点，就是你们的考题。第二，总经理接见你们的时间是 8 点 15 分，也就是说，10 分钟以后，你们必须准时赶到总经理室，总经理是不会聘用一个不守时的职员的。好了，考试开始了。”

三个人马上行动起来。

静子用手反复去揩那块污点，反而把污点越弄越大，白色制服最终被弄得惨不忍睹。她开始紧张起来，红着脸央求人事部长能否给她再换一套制服，而人事部长只是非常抱歉地说：“绝对不可以，而且，我认为，你没有必要到总经理室去面试了。”静子一下子愣住了，当她知道自己已经被取消了竞争资格后，眼泪汪汪地离开了人事部。

与此同时，慧子已经飞奔到洗手间，她拧开水龙头，撩起自来水开始清洗那块污点。很快，污点没有了，可麻烦也来了，制服的前襟处被浸湿了一大片，紧紧贴在身上。于是，慧子快步移到烘干器前，打开烘干器，对着那块浸湿处烘烤着。烤了一会儿，她突然想起约定的时间，抬起手腕看表：糟糕，约定的时间马上就要到了。于是，慧子顾不得把衣服彻底烘干，赶紧往总经理室跑。

赶到总经理室门前，慧子一看表，8 点 15 分，还没迟到。更让她感到庆幸的是，白色制服上的湿润处已经不再那么明显了，要不仔细分辨，根本看不出曾经洗过。何况堂堂大公司总经理，怎么会死盯着一个女孩的衣服看呢？除非他是一个色鬼。

慧子正准备敲门进屋，门却开了，珍子大步走出来。慧子看见珍子的白色制服上，那块污迹仍然醒目地“躺”在那里。慧子的心里踏实了，她自信地走进办公室，得体地道声：“总经理好。”总经理坐在办公桌后面，微笑地看着慧子白色制服上被湿润的那个部位，好像在“分辨”着什么。慧子有点不自在。

这时，总经理说话了：“慧子小姐，假如我没有看错的话，你的白色制服上有块地方被水浸湿了。”慧子点了点头。“是清洗那块污渍所致吗？”总经理问。慧子疑惑地看着总经理，点了点头。总经理接着说：“在这轮考试中，珍子小姐是胜者，也就是说，公司最终决定录取珍子小姐。”

慧子感到非常愕然：“总经理先生，这不公平。据我所知，您是一位见不得污点的先生。但我看见，珍子小姐的白色制服上那块污点仍然清晰可见。”

“问题的关键是，珍子小姐没有让我发现她制服上的污点。从她走进我的办公室，那只黑色公文包就一直幽雅地放在她的前襟上，她没有让我看见那块污迹。”总经理说。

慧子说：“总经理先生，我还是不明白，您为什么选择了珍子小姐而淘汰了我呢？我准时到达您的办公室，也清除了制服上的污点，而珍子小姐只不过耍了个小聪明，用皮包遮住了污点。应该说，我和珍子小姐打了个平手。”

“不！”总经理果断地说，“胜者确实是珍子小姐，因为她在处理事情时，思路清晰，善于分清主次，善于利用手中现有的条件，她把问题解决得从容而漂亮。可你虽然也解决了问题，但你却是在手忙脚乱中完成的，你没有充分利用你现有的条件。其实，那只公文包就是我们解决问题的工具，而你却将它弃之一旁。假如我没猜错的话，你的‘工具’忘在洗手间里了吧？”

慧子终于信服地点了点头。总经理又微笑着说：“假如我没猜错的话，珍子小姐现在会在洗手间里，正清洗她前襟处的污渍呢。"

有头脑、有智慧、善于用智慧来解决问题的员工才是公司最欢迎的员工。因为一个员工拥有智慧并乐于奉献自己的智慧,这份智慧必然会给企业创造财富。

一家建筑公司的经理突然收到一份购买两只小白鼠的账单,不由好生奇怪。原来这两只老鼠是他的一个员工买的。于是,经理把那个员工叫来,问他为什么要买两只小白鼠。

员工答道:"上星期我们公司去修的那所房子,要安装新电线。我们要把电线穿过一根10米长但直径只有2.5厘米的管道,而且管道是砌在砖石里,并且弯了4个弯。我们当中谁也想不出怎么让电线穿过去,最后我想了一个好主意。"

"我到一个商店买来两只小白鼠,一公一母。然后我把一根线绑在公鼠身上并把它放到管子的一端。另一名工作人员则把那只母鼠放到管子的另一端,逗它吱吱叫。公鼠听到母鼠的叫声,便沿着管子跑去救它:公鼠沿着管子跑,身后的那根线也被拖着跑。我把电线拴在线上,小公鼠就拉着线和电线跑过了整个管道。"

成功的秘密很简单,就在于开动脑筋去想问题,用智慧去解决问题。不论工作有多么繁忙,也要腾出时间来思考,而不是盲目地去拼体力,企业要你做的事情并不意味着你要做一个机器人。一个知名企业的老总对他的员工说:"我们的工作,并不是要你去拼体力,而需要你带着大脑来工作。"工作中努力是好事情,但是光努力是不够的,还要多动脑、多思考,这样才能真正做出成绩。

一个好员工应该有头脑、有智慧、勤于思考,善于动脑分析问题和解决问题,这样的员工,就是企业最青睐的员工,是企业的"钻石"员工。

7. 带着思想去工作，不断挖掘你的智慧潜能

每一个人都有无尽的智慧，我们看见的往往只是露在冰山外面的很小的一部分，更多的是潜在的、隐藏的，有时甚至是连自己都不太知道的智慧潜能，这需要我们去不断挖掘、不断开发、不断运用，才能把工作做得更好更出色。很多人没有将工作做好，不是因为工作本身有多么艰巨，而是没有将自己最大的智慧潜能开掘出来。

要开掘自己最大的智慧潜能，就要全力以赴，以积极的态度面对最棘手的困难，敢于给自己下“死命令”，永远把自己的标准定高，并相信自己“一定能做到”。

智慧型员工不是天生的，而往往是在“逼迫”自己、挖掘自己最大智慧潜能中练就的。

在工作中，经常听到有人说：“我尽力而为。”

而当问题没解决的时候，他总会为自己辩解：“我已经尽力了。”

其实，要想真正将一件事情做好，光尽力而为还远远不够，还必须用心用脑，必须全力以赴，这样才能逼自己将智慧充分发挥出来。

> 猎人带着猎狗去打猎。猎人一枪击中了兔子的后腿，受伤的兔子拼命地逃生，猎狗在后面穷追不舍。
>
> 可追了一阵子，兔子没了影，猎狗只好回到猎人身边。
>
> 猎人非常生气：“你真没用，连一只受伤的兔子都追不到！”
>
> 猎狗不服气地辩解道：“我已经尽力而为了！”
>
> 兔子带伤跑回家，兄弟们都很惊讶：“你怎么能跑过一只凶狠的猎狗呢？”
>
> 兔子说：“它尽力而为，而我是竭尽全力呀！他没追上我，最多只是挨顿骂，而我若不竭尽全力，可就没命了。”

故事中的猎狗和兔子就像现在职场中的两种人：一种人，对工作总是

尽力而为，除非有特殊情况才会竭尽全力；一种人，无论什么事都全力以赴。而成功，往往只青睐后面那种人。

在工作中，我们往往会对那些时间紧迫、难度大，甚至看起来不可能完成的任务心存畏惧，甚至产生逃避的心理。然而，很多时候，智慧的“绝招”，往往在最大的“逼迫”下产生。

在美国著名作家谢尔顿《愤怒的天使》一书中，写了这样一个精彩的故事：

刚刚出道的年轻女律师詹妮芙·帕克曾经接手过这样一个案件——

一位名叫康妮的小姐被美国“全国汽车公司”制造的一辆卡车撞倒。司机踩了刹车，但是卡车还是把康妮卷入车下，导致康妮小姐被迫切除了四肢，骨盆也被碾碎。

为此，康妮把汽车公司告上了法庭。但是，康妮小姐说不清楚是自己在冰上滑倒摔入车下，还是被卡车卷入车下。汽车公司的辩护律师马格雷先生，是一个老资格的著名律师。他巧妙地利用了各种证据，推翻了当时几名目击者的证词，康妮小姐因此败诉。

绝望的康妮向詹妮芙·帕克求援，詹妮芙通过调查掌握了该汽车公司近5年来的15次车祸原因完全相同：该汽车的制动系统有问题，急刹车时，车子后轮会打转，把受害者卷入车底。

掌握了这个证据后，詹妮芙和马格雷进行了交涉，希望汽车公司赔偿200万美元给康妮小姐，否则将会提出控告。

老奸巨猾的马格雷表面上同意了，但却提出自己第二天要去伦敦，一个星期后才能回来，到时再研究一下做出适当安排。

然而，一个星期过去了，马格雷却并没有露面。

詹妮芙感觉不妙，当她目光扫到日历上，突然明白了马格雷为什么要这么做：因为诉讼时效已经到期了！

詹妮芙马上给马格雷打电话，而马格雷在电话中得意扬扬地放声大笑："小姐，诉讼时效今天过期了，谁也不能控告我们了！"

詹妮芙马上问秘书准备好案卷要多少时间？

秘书的回答是三四个小时。而当时已经下午一点，也就是说即使用最快的速度，交到法院时也来不及了。

怎么办？怎么办？难道就这样认输了？

决不！

突然之间，她的脑海中灵光一闪："'全国汽车公司'在美国各地都有分公司，为什么不把起诉地点往西移呢？隔一个时区就差一个小时啊！位于太平洋上的夏威夷在西十区，与纽约时差整整5个小时！对，就在夏威夷起诉！"

结果，詹妮芙利用这至关重要的几个小时，以雄辩的事实和催人泪下的语言，使大陪审团的男女成员们大为感动，最终做出裁决：康妮胜诉，"全国汽车公司"赔偿康妮600万美元损失费！

"黄毛丫头"詹妮芙小姐一举击败了老资格的大律师马格雷，名扬全国！

很多时候，当我们遇到看上去"根本没有办法解决"的事情时，也不妨像詹妮芙一样，使自己有绝不放弃的勇气和决心，逼出自己最大的智慧，挖掘自己的智慧潜能，激发出深藏在我们心底深处的智慧，让事情最终迎刃而解。

人的潜能是无穷无尽的，智慧的潜能尤其无涯无际。只有勤于思考也善于思考的员工，才能挖掘到这些智慧的潜能。而我们一旦开动脑筋，发掘到它，我们就已经跨入优秀的行列，走到哪里都会受欢迎。

智慧无穷，方法无尽，只要你用脑去想，用心去做，就算再怎样的山穷水尽，也一样可以找到非同一般的柳暗花明！

挖掘你的智慧潜能，引爆你的头脑风暴，用你的思考去成就工作的完美、事业的成功吧！

第二章　掌握方法，善于思考：有思想不是胡思乱想

有思想可不是胡思乱想，有思想还要会思想，要掌握思考的方法，勤于思考更要善于思考，才能真正把思想融入工作，把智慧带入工作，让工作有路子、有点子、有法子。

1. 思路决定出路，思维方式决定思考方法

思路是什么？思路是前进路上的一盏明灯，给你往前走的希望和努力的勇气；思路是行动的先导，给你指明前进的方向。不同的思路会带来不同的行为，而不同的行为又带来不同的结果。所以有人说，选择比努力更重要。这是因为，如果选择的思路不对，即使比别人多付出了百倍的努力，也不会有什么收获。

思路是行动的指南，思路的正确与否往往决定了人们行动的方法与速度。在成功学上，有一个著名的命题：**人想改变命运首先应改变性格，要改变性格首先应改变习惯，要改变习惯首先应改变行为，要改变行为应首先改变思想，要改变思想应首先改变心态。**简而言之，一个人想要成功，就必须树立正确的心态、改变陈旧的思想、确立正确的发展思路，然后才能让行动慢慢开花结果。

著名的企业家、海尔集团的前 CEO 张瑞敏曾提出了“思路决定出路”的观点。从海尔的发展过程中可以看出，海尔的发展壮大与其清晰的发展思路紧密相连，即先是追求质量，后来走国际化道路。最初海尔只是个小厂，现在则是一家国际知名企业。张瑞敏曾说，海尔发展的思路就在于国际化，如果不走这条路，海尔就不能从中国家电企业里脱颖而出；如果不能用美国市场来烘托中国市场，海尔在中国没前途；如果不用中国市场来烘托海尔在美国和其他国家的业务，海尔没有生存空间。尽管冒了很大的风险，但海尔还是在这样的思路下走向了国际市场。

思维是人类最本质的一种资源，是一种复杂的心理现象，心理学家与哲学家都认为思维是人脑经过长期进化而形成的一种特有的机能，并把思维定义为“人脑对客观事物的本质属性和事物之间内在联系的规律性所作出的概括与间接的反应”。我们所说的思维方法就是思考问题的方法，是将思维运用到日常生活中，用于解决问题的具体思考模式。这种思

维的方式会影响到我们思考问题的方法，进而直接影响到思考的结果。所以，掌握正确的思维方法，是十分重要的。

思路是经过缜密思维的结果，是在表象、概念的基础上进行分析、综合、判断、推理等认识活动的结果，而行动是按照既定的思路，为实现思路中的意图而进行的具体活动。我们说，思路决定出路，是因为思维方法不同，看问题的角度与方式就不同；因为思维方法不同，我们所采取的行动方案就不同；因为思维方法不同，我们面对机遇进行的选择就不同；因为思维方法不同，我们在人生路上收获的成果就不同。

两个乡下人外出打工，一个打算去上海，一个打算去北京。可是在候车厅等车时，又都改变了主意，因为他们听邻座的人议论说，上海人精明，外地人问路都收费；北京人质朴，见吃不上饭的人，不仅给馒头，还送旧衣服。去上海的人想，还是北京好，赚不到钱也饿不死，幸亏车还没到，不然真是掉进了火坑。去北京的人想，还是上海好，给人带路都挣钱，还有什么不能赚钱的呢？我幸好还没上车，不然就失去了一次致富的机会。

于是他们在退票处相遇了。原来要去北京的人得到了去上海的票，要去上海的人得到了去北京的票。去北京的人发现，北京果然好，他初到北京的一个月，什么都没干，竟然没有饿着。不仅银行大厅的太空水可以白喝，而且商场里欢迎品尝的点心也可以白吃。去上海的人发现，上海果然是一个可以发财的城市，干什么都可以赚钱，带路可以赚钱，开厕所可以赚钱，弄盆凉水让人洗脸也可以赚钱。只要想办法，花点力气就可以赚钱。

凭着乡下人对泥土的感情和认识，他从郊外装了10包含有沙子和树叶的土，以“花盆土”的名义，向不见泥土又爱花的上海人出售。当天他在城郊间往返6次，净赚了50元钱。一年后凭“花盆土”，他竟然在大上海拥有了一间小小的门面房。在长年的走街串巷中，他又有一个新发现：一些商店楼面亮丽而招牌较黑，一打听才知道是清洗公司只负责洗楼而不负责洗招牌的结果。他立即抓住这一空当，买了梯子、水桶和抹布，办起了一个小型清洗公司，专门负责清洗招牌。如今他的公司已有150多名员工，业务也由上海发展到了杭州和南京。

前不久，他坐火车去北京考察清洗市场。在北京站，一个捡破烂的人把头伸进卧铺车厢，向他要一个啤酒瓶，就在递瓶时，两人都愣住了，因为5年前他们曾经交换过一次车票。

思路是行动的先导，也是成功的心灵密码。世界上没有能不能成功的问题，只有你想不想成功的问题，因为在心灵大门输入指令的好与坏，结果就是好与坏。人世间的一切奇迹都是有好思维、好思路的结果，动物能做到的，人类都做到并超越了，这是人类有思路、敢思想才取得的成功。“上九天揽月，下五洋捉鳖”的梦想，随着载人航天飞机和深海潜艇的出现，都一一变成了现实。

成功者之所以成功，是因为他们掌握并运用了正确的思维方法。正确的思维方法可以为人们提供更为准确、更为开阔的视角，能够帮助人们洞穿问题的本质，把握成功的先机。而失败的人之所以失败，是因为他们不善于改变思维方法，陷入了思维的误区和解决问题的困境，就像一位工匠雕琢一件艺术品时选错了工具，最后得到的必然不会是精品。

为什么从苹果落地的简单事件中，只有牛顿能够引发万有引力的联想？为什么看到风吹吊灯的摆动，只有伽利略能够发现单摆的规律？为什么看到开水沸腾的景象，只有瓦特能够将其原理运用到蒸汽机的创造之中？因为他们运用了正确的思维方法，所以他们才能走在时代的最前沿。

思维是人类最本质的资源，又是足以影响人成败的关键因素，它就像蕴藏在大脑中的石油，只要合理地发掘和利用，就能够帮助我们创造出越来越多的奇迹和美好篇章；反之，若开掘无度、无章可循，只能造成资源的浪费与一生努力的湮没。

思路决定出路。要有好思路，我们就要先掌握正确的思维方法。

2. 发散思维法，撒开思想的大网

发散思维方法又称辐射思维法、求异思维、开放思维等，它是从一个目标中心或思维起点出发，沿着不同方向，顺应各个角度，提出各种设想，寻找各种途径，解决具体问题的思维方法。

根据美国著名创造学家吉尔福特的理论研究，与人的创造力有密切相关的是发散性思维能力与其转换的因素。他指出：**“正是在发散思维中，我们看到了创造性思维的最明显的标志。”**

“多”是发散性思维的最大特点：多角度、多层次、多思路、多途径……然后从中选择最好的方法，求得最佳的答案。

有一个著名的故事：

> 当哥伦布航行发现美洲大陆后，一些人不服，说这有什么了不起，任何人只要去做，都能做得到。
>
> 当时哥伦布就要大家做一个实验：将一只鸡蛋竖立起来，所有人都做不到。这时，哥伦布抓起鸡蛋，轻轻磕破鸡蛋皮，鸡蛋就竖立起来了。
>
> 一些人不服，说：“这样做谁都做得到。”
>
> 哥伦布回答说：“不错，谁都能做到。但是在我之前，你做到了吗？”

哥伦布的思维就是一种创新思维，由于他打破了人们的思维惯性，以创新的角度阐述和解决问题，让刁难他的人都哑口无言。

如果根据发散思维的方法，我们可以进行更进一步的思考：

除了“磕破鸡蛋皮”之外，你是否还有别的方法，把一只鸡蛋竖立在桌面上？

通过仔细的分析，还可以有如下方式：

1. 在桌面上挖一个小坑；

2. 使用“万能胶”；

3. 在天花板上拴一根绳，吊着鸡蛋；

4. 让桌子躺倒，鸡蛋放在地板上贴着桌面；

5. 桌子放在水里，鸡蛋因一端有气室而浮在桌面上；

6. 使鸡蛋高速旋转而立在桌面上；

7. 把桌子倒吊起来，鸡蛋竖着塞在桌面与地板之间；

……

当你发现还有这么多不同的答案时，你是否觉得你的思路开阔多了？发散性思维使我们的心灵更加开放，使我们的思路更加开阔，使我们的选择更加多样。

发散思维的培养是创造性思维训练的一个重要环节。更培养发散思维法应围绕四种技能进行。

1. 流畅性：是指在短时间内表达出不同观点和设想的数量。培养思维速度，使其在短时间内表达较多的概念、列举较多的解决问题方案，探索较多的可能性。

2. 灵活性：是指多方向、多角度思考问题的灵活程度。培养从不同的角度灵活考虑问题的良好品质。

3. 独创性：是指产生与众不同的新奇思想的能力。培养大胆突破常规，敢于创新的创造精神。

4. 精致性：是指对事物描述的细致、准确程度的培养。

一位出版商为售出滞销的书，想尽办法托人给总统看，但总统工作很忙，无暇顾及。再三请求提意见，总统随便说了句“此书甚好”。该出版商马上推出广告词：“现有总统评价很高的书出售。”结果积压的书一售而空。另一出版商见状，也用此法，总统被利用了一回，这次说了句：“此书很糟。”相应出台的广告词为：“兹有总统批评甚烈的书出售。”结果书也很火爆。又一出版商马上也送了一套书给总统，总统这次决心不加理睬，于是，第三个广告词表述为："现有连总统也难以下结论的书出售。"他的书销路居然也很好。

发散思维主要是把人从某种局限性中解救出来，把任何的方法都看成仅仅是许多可能中的一种，努力从不同的方面去看待事物和问题，尽可能探求其他的可能。

对于每个人来说，发散的程度越高，思维的灵活性也就越高；受过去的束缚越少，发散性思维的空间就越大。

发散性思维就是一种"拥抱多样"的思维。经常的提问是：

"还有没有其他可能？"

"能不能用另外一种方法来解决？"

"可不可以用其他的东西代替？"等等。

维生素对人体是必不可少的，但很少人知道，维生素最早是从米糠中提取出来，后来，科学家又从新鲜的白菜、萝卜、柠檬等植物中找到了另外的一些维生素。

如果依照通常的观点，米糠除了当饲料外还有什么用？白菜萝卜除了果腹还有什么用？

但它的提取物偏偏可以用来改善生命，甚至以此挽救生命，这就是思维发散和横向思维的结果。

树皮、破布看来毫无用处，但蔡伦却用树皮、麻头甚至破布造纸。正是他将这些毫不起眼的东西加以利用，使人类文明的进程跨出了一大步。

浓烟和热空气是每个人都习以为常的事，蒙哥尔费兄弟利用浓烟和热空气灌满巨型气球，使热气球成功地载着人在天空中飞翔……

正是不断挖掘这些事物性能的多样性，人类历史才得以不断发展。

美国心理学家阿瑞提说："发散思维如果不与逻辑思维过程相匹配，

就甚至可能使我们得精神病。”许多员工思维活跃、敏捷、具有很强的独立性和独特性。可是,他们的思想往往脱离实际,理论背离实践的倾向有时还比较严重,从直接的意义上说,这是缺乏逻辑思维的表现。因为其不善于运用逻辑思维对已有的知识和经验进行鉴别、筛选、联结和组合,这样就可能只获得“消极的思维独创性”。因此,应重视逻辑思维训练,如“头脑风暴法”训练。

“头脑风暴法”是美国 BBDO 广告公司创始人 A. F. 奥斯本于 1938 年首创的,也称“智力激励法”、“畅谈讨论法”、“集思广益法”等。这种方法具有开放性、启发性、想象性和激励性等特点。具体做法是:选定一个题目,约几个人在一起畅想,发表意见。要求每个人进行发散性思维,努力寻求解决问题的多种办法,越新颖越好。每个人敞开思想的大门,暴露每个人思维的过程,相互启发,通过思维的碰撞,产生新的思想火花,想出新的解决办法。

“头脑风暴法”实际上与我国民间俗话所说的“三个臭皮匠赛个诸葛亮”是一回事:碰到一个难题,大家你一言我一语,七嘴八舌,南腔北调,拿出好的主意来。头脑风暴法这种方法和形式,能够产生互相激励作用,激发参与者的兴趣和求知欲,促进每个参与者想象力和发散性思维的发展。要使这种方法取得效果,还要注意遵守一定的游戏规则:

1. 提倡自由畅谈,任思路到处拓展,随意发挥

想法越古怪越好,因为有时看上去很“荒唐”的设想恰恰可能很有价值,所以要抛开头脑中的框框,甚至要故意去做那些违背传统、逻辑的思考。使这种与传统、逻辑不符的想法对他人产生启发,引发他人思维的火花。

2. 在畅谈中不得阻挡别人古怪的言论

即使自己认为是错误的、荒诞离奇的发言,也不要去驳斥、嘲笑,要创设一种宽松的氛围,调动每个人思维的积极性。不要说一些“这肯定不行”、“太可笑了”这样的话。只有在这样无拘无束的环境中,才能真正打开每个人思维的闸门。

3. 大家所畅谈的解决问题的方案越多越好，韩信点兵，多多益善

在讨论中先不作对错判断，结论留到以后去做。

4. 要善于利用别人的想法来开拓自己的思路

这是“头脑风暴”的关键。每个人都有要积极地从别人的设想中激发自己的想象力，或补充他人的设想，或将他人的设想合并起来提出新的设想。不要只听别人说，自己的大脑机器不开动，思维不激发，坐享其成，做思想的懒汉。

“头脑风暴法”是一种有助于集思广益的集体思考问题的方法。因为一个人苦思冥想，往往因思路太窄而不得其解。如果几个人对同一问题进行思考，从各自在不同的角度来认识同一个问题，有利于互相激励，产生共振和连锁反应，这对创造性思维是一种激发，有利于创新的产生。

通过这种“头脑风暴”的激发，可以使我们找到各种各样的思想突破口，打开发散思维的一扇又一扇门，让思想自由飞翔，从而启迪智慧，开拓创新。

3. 收敛思维法，收拢信息的雨篷

收敛思维，也称聚合思维或集束思维，是在已有的众多信息中寻找最佳的解决问题方法的思维过程。在收敛思维过程中，要想准确发现最佳的方法或方案，必须综合考察各种思维成果，进行综合的比较和分析。因此，综合性是收敛思维的重要特点。收敛式综合不是简单的排列组合，而是具有创新性的整合，即以目标为核心，对原有的知识从内容和结构上进行有目的的选择和重组。

唐朝的裴明礼是一位经商的能人。有一次，裴明礼看到金光门外有一片地，是一大水坑，卖价十分便宜，裴明礼毫不犹豫地把它买了下来。

裴明礼在大水坑中央竖起一根大木杆，木杆上吊着一个竹筐，还张贴了一张告示：凡能用石块、砖瓦击中竹筐者，一次赏铜钱百文。

有这么便宜的事情，谁不乐而为之呢？大人、小孩，争先涌到大水坑边，石块、砖瓦不停地投向竹筐，但是，杆高、筐小，击中竹筐的人并不多，倒是很快地就把大水坑给填平了。

填平了大水坑，裴明礼在上面建起了牛棚、羊圈，供来往贩卖牛羊的商人使用。不久，牛羊的粪便堆积如山，这正是附近农民种田的"宝贝"，裴明礼把它们卖给种田人，几年间就赚了许多钱。随后，裴明礼就在这块土地上盖起了房屋，在四周栽下了花卉草木，建起了蜂房……

裴明礼成了个远近闻名的富绅。

原来，裴明礼第一眼看到大水坑时就意识到了大水坑的潜在价值：它地处交通要道，是南来北往贩卖牲口的商人的必经之路；它的附近又都是庄户人家，庄户人家要种地，种地又离不开"肥"。这就是大水坑能变成"聚宝盆"的奥秘所在。他运用的就是收敛思维法。

收敛思维的具体方法很多，常见的有抽象与概括、分析与综合、比较与类比、归纳与演绎、定性与定量等。

1. 抽象与概括

"去粗取精、去伪存真、由此及彼、由表及里"毛泽东的这十六个字，说明了科学的抽象和概括的一般步骤。要积极思维，找出相关知识的内在规律，加以抽象和概括，这样知识就学得活，问题解决得透，能收到事半功倍的效果。

美国企业家"亚默尔公司"的创始人菲力普·亚默尔具有惊人的敏锐目光。

美国南北战争快要结束时，市面上的猪肉价格十分昂贵。

亚默尔深知，这都是战争造成的，一旦战争结束，肉价就会猛跌。亚默尔有读报的习惯。一天，他拿起一份当天的报纸，看到一则极普通的新闻报道：一个神父在南军李将军的管区遇到一群儿童，他们是李将军下属军官的孩子。孩子们抱怨说："他们已有好些天没有吃到面包了。父亲带回来的马肉很难下咽。"亚默尔立即得出如下判断：李将军已到了宰杀战马充饥的境地，战争不会再打下去了。

亚默尔立即与当地销售商签订了以较低的价格售出一批猪肉的销售合同。条件是付货时间推迟几天。

果然，战争很快结束了，猪肉的价格暴跌，亚默尔从这笔交易中轻松地赚了100万美元。

1875年春天的一个周末，亚默尔同夫人商量好外出郊游，突然报纸上一则看来并不重要的消息引起了他的注意。消息报道了墨西哥的一种牲畜病例，而那种病好像是由一场瘟疫引起的。当时，亚默尔已开始经营肉类生意。他的目光停留在那条消息上，脑子飞快地转动着。他想，要是墨西哥真的发生了家畜瘟疫，美国邻近的两个州——加利福尼亚州和得克萨斯州势必将受到传染。而这两个州是美国肉类食品的供应中心，一旦发生瘟疫，整个美国的肉类供应必将严重短缺。经过一番盘算，他一把抓起电话，拨通了家庭医生的号码，问对方想不想去墨西哥做一次旅行。这个突如其来的建议使医生丈二和尚摸不着头脑，不知如何回答是好。但亚默尔不容医生多想，便请医生放下手头的一切，立即赶到他郊外野餐的地点当面商量。

医生赶到郊外，亚默尔已经游兴索然，他的整个身心早已被大生意占据了。他请医生立即赶到墨西哥，实地查明一下那里是不是真的发生了瘟疫。医生第二天到了那里，迅速将所了解的情况告知了亚默尔，证实了他根据报纸的消息作出的判断正确无误。

亚默尔掌握了这一情报后，便迅速行动起来。他集中了全部能够动用的资金在加利福尼亚州和得克萨斯州抢购了大批肉用牛和生猪，把它们运到美国东部。不久瘟疫在加利福尼亚州和得克萨斯州传播开来，美国政府严厉禁止这两个州的一切肉类食品外运，市场上肉类食品紧缺，价格猛涨。而备货充足的亚默尔在短短几个月之内，就赚了600万美元。

可亚默尔不无遗憾地说："我本想让医生立即动身去墨西哥，他延误一天使我丢掉了100万美元。"

为什么亚默尔能从一条简单的信息中看到巨大的商机？他运用的就是抽象与概括的思维法。通常一般人在看问题时不会往深处想，所谓走一步看一步，就是对这种思维方式的形象写照。这种思维方式看似"近视"，却经济有效，避免了思维因情况不明而做无用功。所以，在一般情况下它是人们在思维活动中首选的一种思维方式。不过在特殊情况下，比如要求思考者对未来的变化有敏锐的洞察时，这种思维方式就会有鞭长莫及之感，看不出遥远的将来与现在的关系，无法把握两者之间的互动。但对于那些在收敛思维方面训练有素的人来说，他们能够做到由今知往、见微知著，能够通过极度抽象的思辨活动把握事物的变换转机，洞察常人所不能看到的蛛丝马迹。亚默尔之所以能够从一条简单的信息中看到巨大的商机，是因为他时刻都在把他所见到的信息与自己的经营活动相联系，这种思考习惯实际上就是一种收敛思维训练。这样，久而久之他就具备了常人所没有的商业洞察力。

2. 归纳与演绎

归纳法又称归纳推理，是从特殊事物推出一般结论的推理方法。演绎法又叫演绎推理，是从一般到特殊的推理方法。在认识过程中，归纳和演绎是相互联系、相互补充的。

"打破砂锅问到底"的方法是收敛思维的一种有效方法问的过程其实

就是一种不断归纳和推理的过程。亚里士多德曾讲过：**“思维是从疑问和惊奇开始的。”** 爱因斯坦说过这样一句话：“提出一个问题往往比解决一个问题更重要，因为解决一个问题也许仅是一个科学上的实验技能而已。而提出新的问题、新的可能，以及从新的角度看旧的问题，却需要有创造性的想象力，而且标志着科学的真正进步。”培根也说过：“如果你从肯定开始，必将以问题告终，如果从问题开始，则将以肯定结束。”我国著名教育家陶行知先生有一句名言：“发明千千万，起点是一问。”由此说明，能够并善于提出问题，深入进行探索研究，是创新发明的基础。

著名的数学家希尔伯特就是一个善于提出问题的人，在1900年第二届国际数学家大会上，他作了题为《数学的问题》的报告，一举提出了当时数学领域中的23个重大问题。这些问题，后来被称为“希尔伯特问题”。它们的提出，有力地促进了数学的发展。为此，希尔伯特总结道：“只要一门科学分支能提出大量的问题，它就充满着生命力，而问题缺乏，则预示着独立发展的衰亡或中止。”

两千多年前，伟大的诗人屈原曾面对长空，发出著名的“天问”，他问天问地，问人情伦理，问世事沧桑，问四季变化……尽管他的提问，更多的带有政治、社会以及关注朝政的色彩，但至少说明他善于带着问题思考。从广义上讲，人类正是像屈原一样，在提出问题，解决问题中开拓前进的。

要善于思考，多产生疑问，带着疑问去学习、理解知识，培养自己独立思考问题、追求创新解决问题的方法。质疑问题，善于发现问题，提出问题，是一切创新过程的基础，是富有创新精神的人所必须具备的一种能力，这对于发展创新思维尤为重要。

提问探究，实际上是要在不疑处有疑，就要突破思维定式，不要迷信书本和权威，不要受现成结论和传统观念的束缚，也不要人云亦云。提出问题是深入钻研的前提，怎样提问呢？这就需要具有生疑提问的思维技

巧,我们可以从这样几个方面来问:

一是要问原因。每看到一种现象,看到一种事物,我们都可以生疑提问,问一问产生这种现象或事物的原因是什么?一般说来,事物发展变化总是有因有果,因果是相互联系的。找到了原因,就为解决问题(结果)提供了前提条件。

二是要问结果。由于因果是相联的,所以问原因之后,自然也可以问结果。换言之,在思考问题时,我们要养成一种习惯,即想一想“这么做,会导致什么样的新结果?”在思考时,不要受旧事物结果的束缚,要敢于提出新的看法,甚至有时看起来是荒诞的看法,也可能会导致新的有价值的结果。

三是要问规律。因果有联系,是因为事物是由规律所决定的。找到这种联系,就找到了事物发展的规律。所以,通过问规律,也会获得有价值的创造性成果。

四是问发展。事物总是要发展前进的,所以我们在思考问题时可以大胆假设:当某一情况发生后,其发展趋势会是怎样。这样也有可能产生新观念、新设想、新创造。

边问边推理、归纳、演绎,经过这样的“问”之后,一般的问题都可以得到解决了。

在某知名汽车公司,曾经流行一种管理方法,叫做“追问到底”。就是说,对公司新近发生的每一件事,都采用追问到底的态度,以便找出最终的原因。一旦找到了最终原因,那么对于一连串的问题也就有了深刻的认识。

比如,公司的某台机器突然停了,那就沿着这条线索进行一系列的追问:

问:“机器为什么不转了?”

答:“因为保险丝断了。”

问:“为什么保险丝会断?”

答："因为超负荷而造成电流太大。"

问："为什么会超负荷？"

答："因为轴承不够润滑。"

问："为什么轴承不够润滑？"

答："因为油泵吸不上来润滑油。"

问："为什么油泵吸不上来润滑油？"

答："因为抽油泵产生了严重磨损。"

问："为什么油泵会产生严重磨损？"

答："因为油泵未装过滤器而使铁屑混入。"

追问到此，最终的原因就算找到了。给油泵装上过滤器，再换上保险丝，机器就正常运行了。如果不进行这一番追问，只是简单地换上一根保险丝，机器照样立即转动，但用不了多久，机器又会停下来，因为最终原因没有找到。

收敛思维是与发散思维相对应的一种思维方式。如果说发散思维呈一种由点到面的扩散式思维形态，那么收敛思维就呈一种由面到点的内聚式思维形态。收敛思维能力强的人一般具有较强的洞察力，看问题比较深刻，善于归纳和推理分析，思维严谨周密。

3. 比较与类比、分析与综合

比较、类比和分析是一种联动性思维。它可以激发人们的情感，启发人们的智慧，提出独特性的方法。它还可引导学生对相关知识进行比较、类比和分析综合，遵循："发散→收敛→再发散→再收敛"和"感性认识→理性认识→具体实践"的认知过程，培养创造能力。

美国的海关已有数百年的历史，蓄意逃避海关管理条例，又要不犯法，简直比登天还难。但进口商琼尼却说，"海关虽严，但仍有孔可钻，只要稍稍动一下脑筋就可以了。"

进口法国女式皮手套需缴纳高额进口税，因为这种皮手套在美国售价格外高昂。琼尼跑到法国，买下了10000双最昂贵的皮手套。随后,他仔细地把每副皮手套都一分为二,将其中10000只左手套发往美国,而他却一直不去提这批货物。货物过了提货期限,海关按贸易惯例将这批货作无主货物拍卖处理。由于一整批左手套毫无价值,因此琼尼只出了一笔微不足道的钱,就把它们全买下了。

这时海关当局已意识到了其中的蹊跷。他们晓谕下属,务必严加注意,可能有一批右手套会到,不能让那个狡猾的进口商得逞。然而,这一切都在琼尼意料之中。他还料到海关人员会假设这些右手套也会像上次的左手套一样一次整捆运来。于是他把这些右手套分装成5000盒。海关人员认为一盒装两只手套,那一定是一副了。于是第二批货物又一路绿灯通过美国海关。琼尼只缴了5000副手套的关税,再加上在第一批货拍卖时付的那一小笔钱,就把10000副手套都运到了美国。

为什么海关人员屡屡上当?因为他们落入了收敛思维的圈套——定式思维中了。

收敛思维虽然能帮助人们迅速聚集各种思维要素,找到解决问题的方法或答案,但它也有一个弊端,就是容易造成思维的定式,即当遇到相同或类似的情况时,收敛思维会不自觉地将所看到的情况与以往的成功或失败经验相联系,并不假思索地套用以往的经验来处理问题。在一般情况下这种做法会大大提高思维的效率,但是如果遇到似是而非的问题或存在多种可能性的问题,收敛思维方式就常常会犯惯性思维错误。出口商琼尼就是利用海关人员的思维定式,屡屡设计,屡屡得手。而我们在应用收敛思维法时,对于这种思维方法的弊端要竭力避免。

4. 逆向思维法,做一条反向游泳的鱼

逆向思维法又称反向思维法,是指为实现某一创新或解决某一用常

规思路难以解决的问题而采用反向思维寻求解决问题的方法。逆向思维法是相对于习惯思维而言的，也就是从相反的方向来考虑问题的思维方法，它常常与事物常理相悖，但却达到了出其不意的效果。因此，在创造性思维中，逆向思维是最活跃的部分。它主要包括反转型逆向思维法、转换型逆向思维法、缺点逆用法和反推因果法。

逆向思维就是大违常理，从反面进行探索问题和解决问题的思维。逆向思维法的魅力之一，就是对某些事物或东西，从反面进行利用从而能达到更加突出的效果。运用逆向思维是一种创造能力。

南唐后主李煜派博学善辩的徐铉到大宋进贡。按照惯例，大宋朝廷要派一名官员与其使者入朝。朝中大臣都认为自己辞令比不上徐铉，谁都不敢应战，最后反映到宋太祖那里。

太祖的做法大大出乎众人意料，他命人找来10名不识字的侍卫，把他们的名字写上送进宫。太祖用笔随便圈了个名字，说："这人可以。"在场的人都很吃惊，但也不敢提出异议，只好让这个还未明白是怎么回事的侍卫前去。

徐铉见了侍卫，滔滔不绝地讲了起来，侍卫根本搭不上话，只好连连点头。徐铉见来人只知点头，猜不出他到底有多大能耐，只好硬着头皮讲。一连几天，侍卫还是不说话，徐铉也讲累了，于是也不再吭声。

这就是历史上有名的宋太祖以愚困智解难题之举。

照一般的做法：对付善辩的人，应该是找一个更善辩的人，但宋太祖偏偏找一个不认识字的人去应对。这样一来，反倒引起了善辩高手的猜疑：认为陪伴自己的人，是代表宋朝"国家级水平"的人，既猜不透，又不敢放肆。以愚困智，只因智之长处，根本无法发挥，这就是一种"反其道而行之"的逆向思维方式。逆向思维对经营或者技术发明同样具有很大的创新意义。

1820年，丹麦哥本哈根大学物理学教授奥斯特，通过多次实验证实存在电流的磁效应。这一发现传到欧洲大陆后，吸引了许多人参加电磁学的研究。英国物理学家法拉第怀着极大的兴趣重复了奥斯特的实验。果然，只要导线通上电流，导线附近的磁针立即会发生偏转。他深深地被这种奇异现象所吸引。当时，德国古典哲学中的辩证思想已传入英国，法拉第受其影响，认为电和磁之间必然存在联系并且能相互转化。他想既然电能产生磁场，那么磁场也能产生电。

为了使这个设想能够实现，他从1821年开始做磁产生电的实验。几次实验都失败了，但他坚信，从反向思考问题的方法是正确的，并继续坚持这一思维方式。

10年后，法拉第设计了一种新的实验，他把一块条形磁铁插入一只缠着导线的空心圆筒里，结果导线两端连接的电流计上的指针发生了微弱的转动，电流产生了！随后，他又完成了各种各样的实验，如两个线圈相对运动、磁作用力的变化同样也能产生电流。

法拉第10年不懈的努力并没有白费。1831年他提出了著名的电磁感应定律，并根据这一定律发明了世界上第一台发电装置。

他的定律深刻地改变了人类的生活。

法拉第成功地发现电磁感应定律，是运用逆向思维方法的一次重大胜利。传统观念和思维习惯常常阻碍着人们创造性思维活动的展开，逆向思维就是要冲破框框，从现有的思路返回，从与它相反的方向寻找解决难题的办法。常见的办法是就事物的结果倒过来思维，就事物的某个条件倒过来思维，就事物所处的位置倒过来思维，就事物起作用的过程或方式倒过来思维。生活实践也证明，逆向思维是一种重要的思考能力，它对于人的创造能力及解决问题能力的培养具有相当重要的意义。

逆向思维法有三大类型：

1. 反转型逆向思维法

反转型逆向思维法是指从已知事物的相反方向进行思考，寻找发明构思的途径。

“事物的相反方向”常常从事物的功能、结构、因果关系等三个方面作反向思维。

火箭首先是以“往上发射”的方式出现的，后来，苏联工程师米海依却运用此方法，终于设计、研究成功了“往下发射”的钻井火箭、穿冰层火箭、穿岩石火箭等，统称为钻地火箭。

科技界把钻地火箭的发明视为引起了一场“穿地手段”的革命。

原来的破冰船起作用的方式都是由上向下压，后来有人运用反转型逆向思维法，研制出了潜水破冰船。这种破冰船将“由上向下压”改为“从下往上顶”，既减少了动力消耗，又提高了破冰效率。

隧道挖掘的传统的方法是：先挖洞，挖过一段距离后，便开始打木桩，用以支撑洞壁，然后再继续往前挖；有了一段距离后，再用木桩支撑洞壁，这样一段一段连接起来，便成了隧道。

这样的挖法，要是碰上坚硬的岩石算是走运，一旦碰上土质疏松的地段，麻烦就大了。有时还会造成塌方而把已经挖好的隧道堵死，甚至会有人员伤亡。

美国有一位工程师解决了这一难题。他对原有的挖掘方法采取了“倒过来想”的思考方式，对挖掘隧道的过程采取颠倒的做法：先按照隧道的形状和大小，挖出一系列的小隧道，然后往这些小隧道内灌注混凝土，使它们围拢成一个大管子，形成隧道的洞壁。

洞壁确定以后，接下来再用打竖井的方法挖洞。实践证明，这种先筑洞壁、后挖洞的新方法，不仅可以避免洞壁倒塌，而且还可以从隧道的两头同时挖掘，既省工又省时，效果非常显著，世界上许多国家都采纳了这一方法。

这些例子采用的都是反转型逆向思维法。反转型逆向思维法针对事物的内部结构和功能从相反的方向进行思考，对于事物结构与功能的再造有着突出的作用。它的应用范围很广泛，商业办公中常用的防影印纸便是这种思维方法下的产物。

格德纳是加拿大一家公司的普通职员。一天，他不小心碰翻了一个瓶子，瓶子里装的液体浸湿了桌上一份正待复印的文件，这份文件非常重要。

格德纳很着急，心想这下可闯祸了，文件上的文字可能看不清了。

他赶紧抓起文件来仔细察看，令他感到奇怪的是，文件上被液体浸染的部分，其字迹依然清晰可见。

当他拿去复印时，又一个意外情况出现了，复印出来的文件，被液体污染后很清晰的那部分，竟变成了一团黑斑，这又使他转喜为忧。

为了消除文件上的黑斑，他绞尽脑汁，但一筹莫展。

突然，他头脑中冒出一个针对“液体”与“黑斑”倒过来想的念头。自从复印机发明以来，人们不是为文件被盗印而大伤脑筋吗？为什么不以这种“液体”为基础，化其不利为有利，而研制一种能防止盗印的特殊液体呢？

格德纳利用这种逆向思维，经过长时间艰苦努力，最终把这种产品研制成功。但他最后推向市场的不是液体，而是一种深红的影印纸，并且销路很好。

从上述案例可知，反转型逆向思维法在发明应用实践中非常有用。反转型思维法有的是方向颠倒，有的则是结构倒装，或者功能逆用。运用这种思维方法时，首要的是找准“正”与“反”两个对立统一的思维点，然后再寻找突破点。像大与小、高与低、热与冷、长与短、白与黑、歪与正、好与坏、是与非、古与今、粗与细、多与少等，都可以构成反转型逆向思维。利用这种思维大胆想象，反中求胜，就可收获创意的珍珠。

例如，一则候车亭广告犯了大忌，效果却出奇的好。其表现形式是整个画面没有图，全是字，密密麻麻的一堆汉字。这是中国移动大众卡的系列户外广告："喂，儿子，妈妈快到家了。作业做完了吗？你看你，都读高中了，还要我操心，现在竞争多激烈。人家隔壁王师奶的儿子都出国了。唉，要不等你大学毕业了，也去外国留学吧，到时候也把我接过去看看，你妈长这么大，还没出过国呢，也不知道好不好。儿子，你说人家那边有人懂中国话吗？要是不懂……刚才说到哪儿了？哦，竞争激烈……有神州大众卡，再多话说也不怕。"以汉字作为创意表现主元素的广告不少，但多是一个或不多的几个，利用汉字的字形和字意做文章，像这种以一百几十个啰里啰嗦的家常话做主画面的还真少见。"少见"，正是它吸引人的唯一原因。

打破常规、逆向思维是广告创意中的一匹黑马，在策略的指导下运用得当，它会显示强大威力；但它同时是把双刃剑，如果脱离了策略和品牌定位，乱用的结果还不如不用。

2. 转换型逆向思维法

转换型逆向思维法是指在研究某一问题时，由于解决这一问题的手段受阻，而转换成另一种手段，或转换思考角度，以使问题顺利解决的思维方法。如历史上被传为佳话的司马光砸缸救落水儿童的故事，实质上就是一个用转换型逆向思维法的例子。由于司马光不能通过爬进缸中救人的手段解决问题，因而他就转换为另一方法，破缸救人，进而顺利地解决了问题。

这是一种非同寻常的智慧，需要我们的思路保持灵活，不受传统观念或习惯所拘束。据说，鞋子的产生也源于转换型逆向思维法的运用。

很久以前，还没有发明鞋子，所以人们都赤着脚，即使是冰天雪地也不例外。有一个国家的国王喜欢打猎，他经常出去打猎，但是他进出都骑马，从来不徒步行走。

有一回他在打猎时偶尔走了一段路。真倒霉，他的脚破一根刺扎了。他痛得“哇哇”直叫，把身边的侍从大骂了一顿。第二天，他向一个大臣下令：一星期之内，必须把城里大街小巷统统铺上毛皮。如果不能如期完工，就要把大臣绞死。一听到国王的命令，那个大臣十分惊讶。可是国王的命令怎么能不执行呢？他只得全力照办。大臣向自己的下属官吏下达命令，官吏们又向下面的工匠下达命令。很快，往街上铺毛皮的工作就开始了，声势十分浩大。

铺着铺着就出现了问题，所有的毛皮很快就用完了。于是，不得不每天宰杀牲口。一连杀了成千上万匹的牲口，可是铺好的街还不到百分之一。

离限期只有两天了，大臣急得消瘦了许多。大臣有一个女儿，非常聪明。她对父亲说：“这件事由我来办。”

大臣苦笑了几声，没有说话。可是姑娘坚持要帮父亲解决难题。她向父亲讨了两块皮，按照脚的模样做了两只皮口袋。

第二天，姑娘让父亲带她去见国王。来到王宫，姑娘先向国王请安，然后说：“大王，您下达的任务，我们都完成了。您把这两只皮口袋穿在脚上，走到哪儿去都行。别说小刺，就是钉子也扎不到您的脚！”

国王把两只皮口袋穿在脚上，然后在地上走了走。他为姑娘的聪明而感到惊奇，因为穿上这两只皮口袋走路舒服极了。

国王下令把铺在街上的毛皮全部揭起来。很快，揭起来的毛皮堆成了一座山，人们用它们做了成千上万双鞋子，而且想出了许多不同的样式。

许多人遇到问题便为其所困,找不到解决的办法,实际上,如果能换个角度看问题,有时一个看似很困难的问题也可以用巧妙的方法轻松解决。这就需要我们在生活中培养这种多角度看问题的能力。

3.缺点逆向思维法

缺点逆向思维法是一种利用事物的缺点,将缺点变为可利用的东西,化被动为主动,化不利为有利的思维方法。这种方法并不以克服事物的缺点为目的,相反它是化弊为利。

美国的“饭桶演唱队”就是运用缺点逆用思维法,“炒作”自己的缺点,从而一举成名的。

“饭桶演唱队”的前身是“三人迪斯科演唱队”,由三名肥胖得出奇的小伙子组成,演唱的题材大多是关于食品、吃喝和胖子等笑料,很受市民欢迎。有一次在欧洲演出,有家旅店的经理见他们个个又肥又胖,穿上又宽又大的演出服,简直与三只大桶一般无二,于是嘲笑他们,建议他们创作一首“饭桶歌”唱唱,说这会相得益彰。经理本是奚落嘲弄,三个胖小伙也着实又恼又怒,但恼怒之后便兴高采烈了。对,肥胖就肥胖,干脆将“三人迪斯科演唱队”改为“三人饭桶演唱队”,而且即兴创作了《饭桶歌》。第一天演唱便赢得了观众如雷的掌声。三人录制的《三个大饭桶》唱片,一上市便是10万张,几天即被抢购一空。

从这个故事可以看出来,缺点固然有其不足的一面,但发现缺点、认定缺点、剖析缺点并积极地寻求克服或者利用它的方法往往能创造一个契机,找到一个出发点。俗话说得好,有一弊必有一利。利弊关系的这种统一属性,正是新事物不断产生的理论和实践基础。

法国有一名商人,在航海时发现,海员十分珍惜随船携带的淡水,自然知道了浩淼无垠的辽阔大海尽管气象万千,但大海的水却可望而不可喝。应当说,这是海水的缺点,几乎所有的人都了解这一点。商人却认真地注意起这个大海的缺点来,它咸,它苦,与清甜的山泉相比,简直不能相提并论,难道它当真只能被人们所厌恶?想着想着,他突发奇想,如果将苦咸的海水当做辽阔而深沉的大海奉献给从未见过大海的人们,又会怎样呢?于是他用精巧的器皿盛满海水,作为“大海”出售,而且在说明书中宣称:烹调美味佳肴时,滴几滴海水进去,美食将更添特殊风味。反响是异乎寻常的强烈,家庭主妇们将“大海”买去,尽情观赏之后,让它一点一滴地走上餐桌,她们为此乐不可支。

这种在缺点上做文章、由缺点激发创意的方法正在越来越广泛地被应用,并取得了较好的结果。在运用此方法时,我们还应注意对缺点保持一种积极而审慎的态度,可以尝试使事物的缺点更加明显,也会收到物极必反的效果。

曾有个纺纱厂因设备老化,造成织出的纱线粗细不均,眼看就要产生一批残品,遭受到重大的损失,老板很是头痛。

这时,一位职员提出,不如“将错就错”,将纱线制成衣服,因为纱线有粗有细,衣服的纹路也不同寻常,也许会受到消费者的欢迎。

老板觉得有道理,便听从了职员的建议。果然,这样制成的衣服具有古朴的风格,相当有个性,很受大众的欢迎,推出不久便销售一空。就这样,本会赔本的“残品”却卖出了好价钱,获得了更多的利润。

其实,任何事物都没有绝对的好与坏,从一个角度看是缺点,换一个角度看也许就变成了优点,对这一“缺点”加以合理利用,就可以收到化不利为有利的效果。

但是缺点逆向思维的创意在使用中有较大的风险,尤其是在广告创意中较少运用,弄不好就会放大缺点,让人只看到了缺点,看不见优点,使广告创意应该达到的效果背道而驰,弄巧成拙,这是要特别注意的。

逆向思维法用途很广。当你面对一个史无前例的难题,沿着某一固定方向思考而不得其解时，灵活地调整一下思维的方向，从不同角度展开思考，甚至把整个事情反过来想一下，那么就有可能反中求胜，摘得成功的果实。很多时候，看问题只从一个角度去想，很可能进入死胡同，因为事实也许存在完全相反的可能。有时，问题实在很棘手，从正面无法解决，这时假如探寻逆向可能，反倒会有出乎意料的结果。

巴黎的一条大街上，同时住着三个手艺不错的裁缝。可是，因为离得太近，所以生意上的竞争非常激烈。为了能够压倒别人，吸引更多的顾客，裁缝们纷纷在门口的招牌上做文章。一天，一个裁缝在门前的招牌上写上了“巴黎城里最好的裁缝”，结果吸引了许多顾客光临。看到这种情况以后，另一个裁缝也不甘示弱。第二天，他在门口挂出了“全法国最好的裁缝”的招牌，结果同样招揽了不少顾客。

第三个裁缝非常苦恼，前两个裁缝挂出的招牌吸引了大部分的顾客，如果不能想出一个更好的办法，很可能就要成为“生意最差的裁缝”了。但是，什么词可以超过“全巴黎”和“全法国”呢？如果挂出“全世界最好的裁缝”的招牌，无疑会让别人感觉到虚假，也会遭到同行的讥讽。到底应该怎么办？正当他愁眉不展的时候，儿子放学回来了。当他知道父亲发愁的原因以后，笑着说：“这还不简单！”随后挥笔在招牌上写了几个字，挂了出去。

第三天，另两个裁缝站在街道上等着看他们另一个同行的笑话，但事情却超出了他们的意料。因为，他们发现，很多顾客都被第三个裁缝“抢”走了。这是什么原因？原来，妙就妙在他的那块招牌上，只见上面写着“本街道最好的裁缝”几个大字。

在竞争日趋激烈的今天，人们更需要借助于非常规的思维方式来取胜。面对其他人提出的全城和全国的“大”，裁缝的儿子却利用街道的“小”来做文章，并最终取得了胜利。因为在全城或者全国，他不一定是最好的，但在街道这个特定区域里，他就是最好的，而这才是具有绝对竞争力的。

思维逆转本身就是一种灵感的源泉。遇到问题，我们不妨多想一下，能否朝反方向考虑一下解决的办法。反其道而行之是人生的一种大智慧。当别人都在努力向前时，你不妨倒回去，做一条反向游泳的鱼，去寻找属于你的道路。

美国的一个城市有座著名的高层大厦，因客人不断增多，很多人常常被堵在电梯口。大厦主人决定增建一座电梯。电梯工程师和建筑师为此反复勘察了现场，研究再三，决定在各楼层凿洞，再安装一部新电梯。不久，图纸设计好了，施工也已准备就绪。这时，一个清洁工人听说要把各层地板凿开装电梯，便说："这可要搞得天翻地覆喽！"

"是啊！"工程师回答说。

"那么，这个大厦也要停止营业了？"

"不错，但是没有别的办法。如果再不安装一部电梯，情况比这更糟。"

"要是我呀，就把新电梯安装在大楼外边。"清洁工不以为然地说。

没料到，这个"不以为然"的想法，竟使这位清洁工成为世界上把电梯安装在大楼外边成为观光电梯的"首创"者。

很多时候，你只从一个角度去想事情，很可能让自己的想法进入死胡同，无法寻求到解决问题的有效方法。甚至有些时候，问题非常棘手，从正面或侧面根本没法解决。这个时候，如果你试着从反面入手，没准就会有出乎意料的惊喜！

有这样一个故事：

古时候，一位老农得罪了当地的一个富商，被其陷害关入了大牢。当地有这样一项法律：当一个人被判死刑，还可以有一次拈阄的机会，只有生死两签，要么判处死刑，要么救下一命，改为流放。

陷害老农的富商，怕这个老农运气好，抓了个生签，便决定买通制阄人，要两签均为“死”。老农的女儿探知这一消息，大为震惊，认为父亲必死无疑。但老农一听此事，反倒喜形于色：“我有救了。”执行之日，老农果然轻易得活，让家人和陷害者大惊失色。

他用的是什么方法呢？原来，当要拈阄时，老农随便抓一个往口里一丢，说“我认命了，看余下的是什么吧？”结果打开一看，确实是“死”。制阄人自然不敢说自己造了假，于是断定其所抓之阄是“生”。老农死里逃生。

这就是“反向思维”的魅力！在遇到问题时，多从对立面想一想，既能把坏事变好事，又能发现许多创造的良机。

20世纪60年代中期，全世界都在研究制造晶体管的原料——锗，大家认为最大的问题是如何将锗提炼得更纯。

日本索尼公司的江崎研究所，也全力投入到一种新型的电子管研究。为了研究出高灵敏度的电子管，人们一直在提高锗的纯度上下工夫。当时，锗的纯度已达到了99.9999999%，要想再提高一步，真是比登天还难。

后来，有一个刚出校门的黑田由子小姐，被分配到江崎研究所工作，担任提高锗纯度的助理研究员。这位小姐比较粗心，在实验中老是出错，免不了受到江崎博士的批评。后来，黑田小姐发牢骚说：“看来，我难以胜任这提纯的工作，如果让我往里掺杂质，我一定会干得很好。”

不料，黑田小姐的话突然触动了江崎的思绪，如果反过来会如何呢？于是，他真的让黑田小姐一点一点地向纯锗里掺杂质，看会有什么结果。

于是，黑田小姐每天都朝相反的方向做实验，当黑田把杂质增加到1000倍的时候（锗的纯度降到了原来的一半），测定仪器上出现了一个大弧度的局限，几乎使她认为是仪器出了故障。黑田小姐马上向江崎报告了这一结果。江崎又重复多次做这样的试验，终于发现了一种最理想的晶体。接着，他们又发明出自动电子技术领域的新型元件。因为使用这种电子晶体技术，电子计算机的体积缩小到原来的1/4，运行速度提高了10多倍。此项发明一举轰动世界，江崎博士和黑田小姐分别获得了诺贝尔物理学奖和民间诺贝尔奖。

倒过来想就是如此神奇，看似难以解决的问题，从它的反面来考虑，立刻迎刃而解了。这种方法不只适用于科学研究，在企业经营中也能催生出一些好的策略。

北京某制药企业刚刚生产出一种特效药，价钱比较高，企业又没有很多预算做广告和促销，所以销量一直不是很高。有一天，企业在运货过程中无意将一箱药品丢失，面临几万元的损失。面对这样一个突发事件，企业的领导层没有简单地惩罚当事人了事，而是将问题倒过来想，试图从问题的反方向来解决，并迅速形成了一个意在营销的决策：马上在各个媒体上发表声明，告诉公众自己丢失了一箱某种品牌的特效药，价值名贵，疗效显著，但是需要在医生指导下服用，因此企业本着对消费者负责的态度，希望拾到者能将药品送回或妥善处理而不要擅自服用。企业最终并没有找到丢失的药品，但是声明过后，通过媒体、读者茶余饭后的口口相传，消费者对该药品、品牌和企业的认识度与信赖感明显提高。很快，药品的知名度和销量迅速上升，这个创意为企业创造的收益已经远远高于丢失药品导致的损失了。

“逆向思维”的方法可以拓展我们的思维广度，为问题的解决提供一个新的视角。我们已经习惯了“正着想问题”的思维模式，偶尔尝试下“倒过来想”，也许你会收到“柳暗花明又一村”的效果。

5. 想象思维法，张开想象的翅膀

想象思维是人们对大脑中已有记忆表象（印象）进行新的加工、改造、重组而创造出新形象的思维活动。想象思维可以说是形象思维的具体化，是人脑借助表象进行加工操作的最主要形式，是人类进行创新及其活动的重要的思维形式。

想象可以分为有意想象和无意想象两种。

1. **无意想象是事先没有预定的目的，不受主体意识支配的想象**

无意想象是在外界刺激的作用下，不由自主地产生的。例如，人们观察天上的白云时，有时把它想象成棉花，有时想象成仙女，有时又想象成野兽等；还有人们在睡眠时做的梦，精神病患者在头脑中产生的幻觉等，这些都是无意想象。无意想象可以导致灵感的产生。但无意想象不能直接创造出新东西，必须借助有意想象。

2. **有意想象是事先有预定的目的，受主体意识支配的想象**

它是人们根据一定的目的，为塑造某种事物形象而进行的想象活动，这种想象活动具有一定的预见性、方向性。

有意想象分为再造型想象、创造型想象和幻想型想象。

再造型想象思维是指主体在经验记忆的基础上，在头脑中再现客观事物的表象；创造型想象思维则不仅再现现成事物，而且创造出全新的形象。再造型想象是根据他人的言语叙述、文字描述或图形示意，形成相应形象的过程。如读小说、诗歌想象出人物的形象和场面；看舞蹈、听音乐想象出的画面。看看下面这个有趣的故事你就对再造想象思维有更明白的了解。

有个商人在外做生意。他的同乡要回家，于是他就托同乡带100两银子和一封家书给妻子。同乡在路上打开信一看,原来只是一幅画,上面画着一棵大树,树上有8只八哥。4只斑鸠。同乡大喜:信上没写多少银子,我留下50两,她也不知。

同乡将书信和银子交给商人妻子以后,说:"你丈夫捎给你50两银子和一封家书,你收下吧!"商人妻子拆信看过后说:"我丈夫让你捎带100两银子,怎么成了50两?"那同乡见被识破,忙道:"我是想试试弟媳聪明不聪明。"忙把那50两银子送还给了商人的妻子。

商人妻子怎么知道是100两银子的呢?原来那幅画上写的意思是:8只八哥是八八六十四,4只斑鸠是四九三十六,合起来是100,所以商人妻子知道是100两银子。

商人写信不用文字而用图画,商人妻子读信不是认字而是解画,他们两人使用的思维法就是再造想象思维法。

创造型想象是不依据现成的描述而独立创造出新的想象表象的过程。

而幻想型想象则是天马行空式的想象,它无凭无据,信马由缰,千奇百怪,这种想象如果不加以改造的话,一般难以形成创造力。

想象思维法是爱因斯坦提出和倡导的一种科学的创新思维方法。爱因斯坦指出:"事实上,我相信,甚至可以断言:在我们的思维和我们的语言表述中所出的各种概念,从逻辑上看,都是思维的自由创造,它们不能从感觉经验中归纳地得到。"

爱因斯坦相对论的诞生是想象力赋予它生命。他认为从牛顿以来对空间、时间、引力三者相互关系及运动规律永恒不变的理论有失偏颇,似乎感到有一种新的理论体系可以推翻这个论断,但有时它几乎就要在脑中形成概念,却又给某个"瓶颈"卡住了。1895年夏天,16岁的爱因斯坦信步而行,登上一座小山,找到了一处理想的地方躺下,他半眯着眼睛,仰望天空,阳光穿过他的睫毛，射在他的眼睛上。他好奇地想象，如果自己骑在一束光上去旅行，那将是什么样子呢？然后问自己：如果这时在出发地有一座时钟，从我所处的位置看，它的时间会怎样流逝呢？我能同时看到过去、现在和未来吗？于是，他的智慧在想象中闪光，由此，相对论的灵感及理论体系脱颖而出。

爱因斯坦说："想象力比知识更重要，因为知识是有限的，而想象力囊括着世界的一切，并且是知识的源泉。"

想象在创新思维中有着巨大的主干、主导作用。创新的其他思维方式都要借助想象来进行。

想象力反映人们的一种向往渴求，这是借助创意性的思维达到内心渴望已久目标的一种快捷方法。想象力的实质，是沉积在大脑深处的信息被激活、被调动起来，重新进行编码组合，从而得到一种意想不到的超越现实的结果。想象力能把现实中没有的事物和信号通过想象显示出来，帮助人类实现思维的极度跨越。

韩信是我国历史上有名的将领。有一天，刘邦想试一试韩信的智谋。他拿出一块五寸见方的布帛，对韩信说："给你一天的时间，你在这上面尽量画上士兵。你能画多少，我就给你带多少兵。"站在一旁的萧何想：这一小块布帛，能画几个兵？急得暗暗叫苦。不想韩信毫不迟疑地接过布帛就走。第二天，韩信按时交上布帛，上面虽然画了些东西，但一个士兵也没有。刘邦看了却大吃一惊，心想韩信的确是一个胸有兵马千万的人才，于是把兵权交给了他。那么，韩信在布帛上究竟画了些什么呢？原来，韩信在布帛上画了一座城楼，城门口战马露出头来，一面"帅"字旗斜出。虽没见一兵一卒，却可想象到千军万马。

想象思维法是科学研究者广泛运用的一种思维方法。苏联科学家齐奥尔科夫斯基就是运用了这种思维方法，展开想象的翅膀，充分发挥想象力，创立了他的星际航行理论，人称"星际航行的先驱者"。

齐奥尔科夫斯基小时候是善于异想天开的孩子，8 岁时，他母亲送给他一个大氢气球，这个能在空中自由飘动的小玩意，引起了他极大的兴趣。他常常聚精会神地仰望天空思索：能否乘坐握气球去航行呢？可是 10 岁时，他因患了猩红热引起并发症，完全失去了听觉。

在这种情况下，他以顽强的毅力在科学的道路上攀登，白天到国立最大的图书馆自学，刻苦攻读。晚上他运用自由创造性思维方法，尽情地展开想象的翅膀，设想出种种理想客体，来实现飞行的愿望。他想：是否可以制造一个永远悬在天空中的金属气球呢？能否发明一种航行飞行器呢？能否利用地球旋转的能量呢？

有志者，事竟成。后来，他运用自由创造性思维方法发挥丰富的想象力，撰写了两篇科幻小说，生动地描绘了人类飞向其他行星的前景。1883 年，他在《自由空间》一文中阐明了宇宙飞船的设计方案。1903 年，他完成了《利用火箭仪器研究宇宙空间》的论文，并发现了著名的齐奥尔科夫斯基公式——火箭运动公式。他首次提出液体燃料火箭的构想，并设计出世界上第一枚液体火箭发动机的构造示意图。为了提高火箭的质量比，1929 年，他发表了《火箭列车》的论文，首次提出了多节火箭的设想。当今，世界各航天大国所发射的宇宙飞船，包括我国发射的“神舟”系列飞船，都是使用多节火箭发射的。他还提出了建立星际太空站的大胆设想。现在这些设想都已经变成人类征服太空的现实。

齐奥尔科夫斯基不仅是个聋子，而且是学业上没有受过任何专家教授指导的人，是一个未进过中学和大学的人。因此，当时有很多人把他贬为“无用的空想家”和“狂妄的设计师”。这一切都没有阻挡他探索攀登的步伐和自由的创造性思维，在星际航行方面奉献了光辉的一生。在他墓前耸起的高大的纪念碑上镌刻着这样的话："地球是人类的摇篮，但是人不能永远生活在摇篮里，他们不断地争取着生存世界和空间，起初小心翼翼地穿出大气层，然后就是征服整个太阳系。"

联想思维和想象思维可以说是一对孪生姐妹，在人的思维活动中都起着基础性的作用。联想思维法是根据事物之间都是具有接近、相似或相对的特点，进行由此及彼、由近及远、由表及里的一种思考问题的方法。它是通过对两种以上事物之间存在的关联性与可比性，去扩展人脑中固有的思维，使其由旧见新，由已知推未知，从而获得更多的设想、预见和推测。

联想思维是建立在逻辑思维之上的正确想象的必然结果。联想思维要遵守三条法则：

1. **有接近才能联想**：即联想的事物之间必须有某些方面的接近与联系，能在时间或空间上使人脑与外界刺激联系起来；

2. **有相似才能联想**：即联想事物对大脑产生刺激后，大脑能很快做出反映，回想起与同一刺激或环境相似之经验；

3. **有对比才能联想**：即大脑能想起与这一刺激完全相反的经验。

著名美学家王朝闻说："联想和想象当然与印象或记忆有关，没有印象和记忆，联想或想象都是无源之水，无本之木。但很明显，联想和想象，都不是印象或记忆的如实复现。"在艺术创作的过程中，联想与想象是记忆的提炼、升华、扩展和创造，而不是简单的再现。从这个过程中产生的一个设想导致另外一个设想或更多的设想，从而不断地创作出新的作品。

联想思维主要有以下几种：

(1)相近联想——由此及彼

这是指由一个事物或现象的刺激想到与它在时间相伴或空间相接近的事物或现象的联想。

在第一次世界大战期间，德国的侦察兵发现法军阵地后方的一片坟地上常出现一只有规律活动的家猫。每天早晨八九点钟时，那只猫在坟地上晒太阳，而坟地周围既没有村庄的房舍，也看不到有人活动。这位善于联想的侦察兵从空间位置的接近上，联想到坟地下面可能是个掩蔽部，而且还可能是个高级机关。于是发出通知，德国用6个炮兵营集中攻击这片坟地。事后查明，这里的确是法军的一个高级指挥部，掩蔽在里面的人员几乎全部丧生。

(2)正相似联想——夸张比喻

这是指由一个事物或现象的刺激想到与它在外形、颜色、声音、结构、功能和原理等方面有相似之处的其他事物与现象的联想。世界上纷繁复杂的事物之间是存在联系的，这些联系不仅仅是与时间和空间有关的联系，还有很大一部分是属性的联系。

2003年岁末，作家刘震云的小说《手机》和冯小刚导演的同名电影上市，均创造了不菲的业绩，电影的票房收入超过3500万。其实，这部电影来自于作家和导演的一个偶然的联想。

2003年9月底，刘震云在冯小刚工作室发表“向生活要艺术”还是“向艺术要艺术”的高论时，每个人都在不停地接打手机，且状态各异，冯、刘二人的兴奋点便不知不觉地转移到他们的身上。冯小刚突然说：“应该拍一部电影，就叫《手机》，谨以此片献给每一位手机持有者。”刘震云一巴掌拍在冯小刚的肩上——这就是“向生活要艺术”！

“手机本来是用来沟通的，但它却使人们变得心怀鬼胎，这时手机就不再是手机了，手机变成了手雷，反过来控制了它的使用者……”刘震云当即当众表示：“我愿意写这个剧本，如果你们不做，我就把它写成小说——因为手机的使用极大地改变了汉语的说话习惯，手机连着人的嘴，嘴连着心，心里的秘密源源不断地输入了手机。为了掩盖手机里藏着的秘密，人们开始说谎和言不由衷。”

这就是小说《手机》和电影《手机》诞生的契机，其实就是联想思维所产生的创造性的成果。

《手机》就是依靠这样的一个契机而诞生的，讲述“话语”在生活中历险的故事。其联想过程是：向生活要艺术——开会解决讨论——与会人员经常接打手机——话语与手机是喧嚣与助长的关系——写一部表现话语与手机的书——拍一部同样的电影。

(3)相反联想——物极必反

这是指由一个事物、现象的刺激而想到与它在时间、空间或各种属性相反的事物与现象的联想。如由黑暗想到光明，由放大想到缩小，等等。相反联想与相近、相似联想不同，相近联想只想到时空相近的一面而不易想到时空相反的一面；相似联想往往只想到事物相同的一面，而不易想到正相对立的一面，所以相反联想弥补了前两者的缺陷，使人的联想更加丰富。同时，又由于人们往往习惯于看到正面而忽视反面，因而相反联想又会使人的联想更加多彩，更加富于创新性。

(4)自由联想——大风刮起来，木桶店就会赚钱

“如果大风吹起来，木桶店就会赚钱。”这是怎么进行联想的呢？当大风吹起来的时候——沙石就会满天飞舞——以致瞎子增加——琵琶师父会增多——越来越多的人以猫的毛替代琵琶弦——因而猫会减少——结果老鼠相对地增加——老鼠会咬破木桶——所以做木桶的店就会赚钱(这是西方的一个比喻)。

想象思维方法在创造人类文明的活动中，发挥出无与伦比的作用。它实际上是开发人的想象力并把想象力转化为创新能力的思维工具。因为创新要以想象为先导，没有想象就没有创新心理和创新意象。如何激发创新意象，这就需要一种思维方法去启动想象的翅膀，让科学创造的想象翅膀发挥出想象力，并把想象力转化为创新能力。

开发想象力，首先要“敢于想”。事生于虑、成于做。敢想是敢做的前

提想法都没有,还说什么做?科学家告诉我们:“人们‘不可能’做的事,往往不是由于缺乏力量和金钱,而是由于缺乏想象和观念。”人类思维中无与伦比的想象力,是科学不断进入未知领域的原初动力,所以要敢于异想天开,不怕胡思乱想。其次要“能够想”。想象的火花迸发于丰富的知识矿藏,创造想象尤其需要丰富的知识和经验。人们知识、经验的多少直接影响想象力的深度和广度。所以,我们要拓宽视野,博览群书,扩大知识领域,丰富表象储备,这样才能够产生科学的创造想象。否则,就会想‘想’但却想不出,或者‘想’得出的却是无用的空想。再次要“善于想”。要打破常规跳出框框来想,跳出传统的框框、书本的框框、名言的框框、经验的框框和从众的框框,任想象不受束缚地自由飞翔,展开想象的翅膀,挖掘思想的宝藏。

6. 类比思维法，在比较中焕发创意的智慧

类比思维在创新和解决问题时,具有很大的指引作用,得到了思想家、科学家们的高度评价。

天文学家开普勒说:“类比是我最可靠的老师。”

哲学家康德说:**“每当理智缺乏可靠论证的思路时,类比这个方法往往指引我们前进。”**

发展到现代,随着日常创造的增加,类比的作用尤其得到重视。如日本学者大鹿一让认为:“创造联想的心理机制首先是类比……即使人们已经了解到了创造的心理过程,也不可从外面进入类似的心理状态……因此,为了给创造活动创造一个良好的心理状态,得采用一个特殊的方法,就是使用类比。”

所谓类比,就是从两个或两类对象具有某些相似或相同属性的事实出发,推出其中一个对象可能具有另一个或另一类对象已经具有的其他属性的思维方法。

世界上诞生的第一辆自行车，轮子是木头做的，没有轮胎，骑起来颠簸得厉害，一不留神就摔跤。

大约70年后，苏格兰有一个名叫邓禄普的医生，因为一天儿子骑自行车摔得头破血流，于是萌发了改进自行车的念头，但是却苦于一直找不到合适的方式。

一天，他握着橡胶水管给花草浇水。

水管因为有水通过而鼓胀起来，他握紧又松开，觉得水管很有弹性。突然，他心中一动：把灌了水的橡皮管安在自行车的轱辘上，这样轮子有了弹性，就不容易颠簸了。

于是他把儿子的自行车推到花园里，拆下轮子，配上橡胶管，灌上水。经过一遍遍的实验后，终于安好了。儿子骑上去，感觉棒极了。

医生用橡胶水管制成了世界上第一个轮胎。后来，充气的轮胎代替了灌水的轮胎。“邓禄普轮胎”很快风靡了整个世界。

从上面这一案例中，我们可以看到类比思维在指引创新研究方面的重要作用。经常有这样的情况：当创造者感到思维阻滞时，由于某种机缘的触发，使人一下就具有“仿效这种方式，不是正好吗？”的恍然大悟。往往一个好的创新项目即因此而产生。

要掌握类比思维法，必须掌握以下要点：

1. 形状类比：A与B之间，存在形状的相似

形状类比往往是由某一原型的外型结构，而类推出与此结构、形象相仿的创造物。此法大量应用于仿生学。

比如模仿昆虫复眼角膜结构，用许多小的光学透镜有规则地排列起来制成外型光学元件——复眼透镜。用它作镜头制成“复眼照相机”，一次能照出千百张相同的照片。

1903年，莱特兄弟造出飞机，但他们不知道怎样使飞机在空中拐弯时保持平稳。于是他们想到：这种现象在鸟儿那里可不会有。于是他们仔细观察了老鹰的飞行,发现老鹰在转弯时,其翅翼可以弯折。

这一下就找到了问题的症结点。他们仿照老鹰的羽翼,制造出后面可以弯折的机翼,这就是现代飞机襟翼的原型。

莱特兄弟从何处找到了解决问题的“钥匙”?简单而言,就是寻找同类项,就是使用类比。

2. 功能类比:A 与 B 之间,存在功能的相似

长颈鹿的脖子很长,从大脑到心脏有 3 米之遥。因此它的血压很高,如果没有这么高的血压就不能将心脏的血“压”上 3 米高度的脑部,保证大脑不致缺血。

但是,当长颈鹿低头喝水时,心“高”头“低”,心脏的血会猛烈冲击脑部。但是,长颈鹿却照样没有任何不适,这是为什么呢?

原来,长颈鹿身上裹着一层厚皮。当它低头喝水时,厚皮自动收缩,箍住血管,从而限制了血液的流速,缓解了脑血管的压力。

科学家根据这样的原理,模拟长颈鹿的皮肤,制成“抗荷服”,用于飞行员。当飞机加速时,“抗荷服”可以自动压缩空气,压迫血管,从而限制飞行员的血液流速,防止“脑失血”。

还有电子计算机的发明也是基于功能类比。科学家们撇开人脑内部的结构,仅仅从人脑的功能模拟入手,采用若干个与大脑各部分功能相似的部件,组成电子计算机。

功能模拟随着控制论、信息论等现代科学出现而得到大力发展。正如控制论发明人维纳所言:“把生命机体与机器作类比的工作,可能说是当代最伟大的贡献。”

3. 对称类比

世上的事物,几乎无一例外都具有对称关系。对称类比,正是依据两个或两类事物属性之间的对称关系进行的类比,它被广泛应用于创造、发现和发明。

英国物理学家狄拉克把相对论原理引进量子力学中，建立了描述自由电子运动的方程。在解这个方程时，得到了正负对称的两个能量解。

正的能量对应着电子，那么，负的能量对应着什么呢？人们知道电荷有正电荷与负电荷的对称性，既然存在带负电荷的电子，那么，是否存在带正电荷的电子呢？

为了解释上述方程解，狄拉克运用了对称类比法，认为对应于负能量的粒子可能是带正电荷的电子，成功地预见了正电子的存在。

4. 原理类比

由某种事物具有某种原理，而体现出某种功能，通过类比而得出同类事物也具有某种原理并体现某种功能的方法就是原理类比法。

伽利略在威尼斯一所大学教书。一天，他在给学生做实验时，看到水加热特别是到沸点的时候，水在罐子里就会上升。

于是他想起不久前，一位医生请求他发明出一种能测出病人体温的仪器。

他想："水的温度上升，体积就会增大膨胀上升，反过来体积就会缩小下降，能不能根据这个原理来测量病人的温度？"

于是他开始认真地实验，终于做出了世界上第一支体温表。这是一个根据原理相同进行类比分析而成功的创新范例。

再如海豚的皮层分三层，其弹性皮肤能防止层流变成湍流，使阻力明显减少，而皮肤的疏水性质，又减少了运动的摩擦力。

依据这一原理而做成的人工仿制海豚皮，由三层橡胶组成，外层平滑，中层有橡胶乳头，下层起支撑板作用。实验表明此种结构表面在水中运动受的阻力较小。

5. 模型类比

加以类比的不是类比物和研究客体之间简单孤立的特征和属性，而是包括成分、关系和功能等方面所形成的系统的类比,这往往通过某个模型来表示。运用模型类比方法得到的推论,不能看作是具有近似或概率特征的通常类比推论。

通常类比的结论中,那些不确定性和在类似特征进行比较中的那些偶然性和任意性,在模型类比方法中都排除了。

模型类比方法,不仅在自然科学中被证明是一种有效的方法,而且在社会科学的研究中也是可行的。在军事上的应用就更广泛了。

6.掌握"类比推理法"

类比作为一种思维方式,特别体现在推理上。用类比的思维方式进行推理的方法,就叫做类比推理法,简称"类推"。类比推理法是进行类比思维时经常用到的。

科学家发现章鱼的死亡与生物自身产生的一种"死亡激素"有关,于是,推断人也可能有这种"死亡激素",并最终将其找出。这就是运用的"类推法"。

我们也可以运用类比推理法,对科学家的创新思路进行分析:

(1)章鱼是动物,有各种生理系统(消化系统、循环系统等);

(2)人是动物,有各种生理系统(消化系统、循环系统等);

(3)章鱼由母亲生育,会死亡;

(4)人由母亲生育,会死亡;

(5)章鱼拥有一种"死亡激素",导致自己死亡;

(6)因此,人也可能有"死亡激素",并导致人的死亡。

7.警惕类比陷阱

类比是一种很有创造性的思维。但在进行类比思维时,需特别提出的是:类比思维存在两个不能不引起重视的缺陷:

(1)它是强调相同性的思维。而实际上,重视事物的相异性也是创造性的突出特征,绝对不可偏废。假如只重视这种相同性,往往会导致成功

的可能性和可靠性不高,有时还会把人引入迷途;

(2)类比具有结果的必然性,容易产生强调绝对产生的错误。

如下列的类比:

地球:星星,位于太阳系,有壳,会公转和自转,有生物。

月球:星星,位于太阳系,有壳,会自转和公转。

所以,月球也是有生命的。

这就有明显的错误。它属于机械类比的表现。为了避免类比的机械性,增加可靠性,就得特别注意如下几点:

①尽可能增加类比项。两个或两类对象之间所共有或共缺的属性类比项越多,可靠性越大。

②类比中的共有或共缺属性应该是本质属性。

③类比对象的共有或共缺属性与所要类比的属性之间应该有本质和必然的联系。

7. 灵感思维法,抓住跳荡的智慧之火

灵感思维是一种带有突发性、非自觉性的创造性思维活动。通俗的解释就是:某一个想了好长时间都没有解决的问题,突然由于受到某一事物的启示,"灵机一动",一下子想到了一个办法,这种思维方法就是灵感思维。我国导弹之父钱学森指出:"凡是有创造经验的同志都知道,光靠形象思维和抽象思维不能创造、不能突破;要创造要突破得有灵感。"

灵感思维有三个特点:

一是突发性。从灵感的发生来看,它是一种突然发生的思维活动。什么时间灵感会来临,任何人无法估计。德国哲学家费尔巴哈指出:"热情和灵感是不为意志所左右的,是不由钟点来调节的,是不会依照预定的事情和钟点迸发出来的。"有一次著名数学家高斯突然破解了一道难题以后说:"像闪电一样,谜一下解开了。我自己也说不清楚什么导线把我原

先的知识和使我成功的东西连接起来。”

二是独创性。从灵感思维的结果来看,灵感思维一般都打破了人们的常规思维,把人的知识提高到一个新的高度。这是灵感思维创造性的表现,灵感思维如果失去创造性,就没有存在的价值。

三是非自觉性。灵感思维往往是“有心栽花花不开,无意插柳柳成荫”,而且是不明踪影,一闪而过,来也匆匆,去也匆匆,难以重现。正如大诗人苏东坡的著名诗句所描绘的那样:“作诗火急追亡捕,情景一失永难摹。”

灵感的这种非自觉性,由于带有神秘的色彩,有人认为灵感就是“神感”“神灵”。其实这种看法是唯心的。为什么这么说呢?我们来看一看灵感是怎样获得或激发出来的:

激发灵感渠道之一:自发灵感

所谓自发灵感是指在对某个问题已进行较长时间的思考,百思不得其解,思考问题的某种答案或启示,有可能某一时刻在头脑中突然闪现。

比如,英国发明家辛克莱以发明袖珍电脑和袖珍电视机闻名于世。他在谈到怎样设计出袖珍电视机时说:“我多年来一直在想,怎样才能把显像管的‘长尾巴’去掉。有一天,我突然灵机一动,想了个办法——将‘长尾巴’做成90度弯曲,使它从侧面,而不是从后面发射电子,结果就设计出了厚度只有3厘米的袖珍电视机。”辛克莱是因为“多年一直在想”,所以才会出现“有一天,我突然灵机一动——”的结果。这说明自发灵感的激发是建立在长时期艰苦思索的基础之上。

激发灵感渠道之二:诱发灵感

所谓诱发灵感是指,思考者根据自身生理、爱好、习惯等方面的特点,采取某种方式或选择某种场合,有意识地促使所思考的某种答案或启示在头脑中出现。诱发灵感的方式因人而异。例如,有些人习惯于清晨醒来后故意在床上待一会,回忆一下一段时间以来日夜思考而尚未得到解决的问题，以求获得某些灵感。

德国生理学家赫尔姆霍兹曾这样说过："我的一些巧妙的设想，不是出现在精神疲倦或伏案工作的时候，而常常是在一夜酣睡之后的清晨。"清晨起床前，用三两分钟时间想一想思考已久尚未解决的难题，它可以起到给大脑下达指令的作用，可以促使显思维更加振奋，更有序地活动；同时也能更有力地调动潜思维积极配合显思维思考，以诱发灵感。还有的人是在沐浴时，在听音乐时，在散步时，在夜深人静时，甚至在上厕所、理发时诱发灵感的产生。不管采取哪一种方式，都是大脑积极开动的结果。

激发灵感渠道之三：触发灵感

所谓触发灵感是指，在对某个问题已进行了较长时间思考的执著探索，这时在接触某些相关或不相关的事物时，这些事物有可能成为"媒介物"或"导火线"，引发某种答案或启示在头脑中突然闪现。

例如，蚂蚁对房屋、水坝等建筑物的危害极大，人们采取了很多方法灭蚁，效果都不理想。一位21岁的青年农民魏潮洲，有一次在家里偶然看到蚂蚁排成长龙搬运食物。这一景象触动了他，使他顿时想到：能不能用某种高效的药物引诱蚂蚁来觅食，最后达到全巢杀灭它们的目的。这瞬间一念，使他像着魔似的沿着这一思路钻研下去，经过一年多时间数百次各种配方的试验，终于试制成功"蚂蚁净"实用无毒药物，获得"中国爱迪生杯金奖"。在这一创新过程中，蚂蚁排成长龙搬运食物的现象成为"导火线"，触发了魏潮洲的灵感。

另外，与人交谈讨论，不同的思路、不同的思考方式互相融汇、交叉、碰撞或冲突，也能使思维触发出灵感的火花。我国古语云"水尝无华，相荡乃成涟漪；石本无火，相击而后发光。"就是讲的这个道理。

激发灵感渠道之四：逼发灵感

所谓逼发灵感是指，在紧急情况下，不可惊慌失措，要镇静思考，以谋求对策。情急能生智，解决面临问题的某种答案或启示，就有可能在头脑中突然闪现。

千百年来脍炙人口的《七步诗》："煮豆燃豆萁，豆在釜中泣，本是同根生，相煎何太急！"就是逼发灵感的结果。被西方誉为创造学之父的美国人奥斯本曾说过"谁被逼到角落里，谁就会有出奇的想象"。我国也有一句俗话：人是逼出来的。也就是说，各种形式的"逼"，能激发出人的灵感，调动出人最大的潜能。

灵感不喜欢拜访懒惰的人。要得到灵感必须付出艰苦的劳动。钱学森指出："有一点是肯定的，人不求灵感，灵感也不会来，得灵感的人，总是要经过一长段其他两种思维（抽象和形象思维）的苦苦追求。所以灵感还是人自己可以控制的大脑活动。"比如牛顿，为什么全世界只有他一个人能够从苹果落地的现象产生灵感，从而悟出万有引力定律呢？他自己的回答是："我的成就，当归功于精心的思索。"可见如果没有艰苦的劳动，达不到废寝忘食的地步，灵感不会降临。

对于很多"思考型"的工作来说，并不是我们一思考，就会产生灵感，也不是说，我们坐在办公桌前冥想 8 小时，就会得到我们想要的结果。灵感，就像古灵精怪的少女一般，常常在我们追求她的时候避不见人，让我们辗转反侧，夜不成寝，却又常常喜欢在我们不经意的时刻姗姗来迟。

灵感不会在规定的时间来敲门。大家都知道，是苹果落在了牛顿头上才有了万有引力理论；青霉素的发明，是弗莱明在培养一些葡萄球菌时的意外收获……在这些看似撞大运似的成果后面，是他们长时间的思考和研究。苹果如果砸在别人的头上呢？砸在一个从来没有想过问题的人身上，最好的结果也可能就是被人吃掉吧。

我们不是艺术家、科学家，我们从事的工作也没有那么高深，但是我们同样需要思考。工作的结果如何，也常常取决于我们是否在思考的过程中产生了奇妙的灵感，从而让一个原本普通的工作获得了令人惊喜的结果，或是一个难以解决的问题，找到了另辟蹊径的解决方案。

有一个单位，开会的时候，领导在上面讲话，底下的职员各行其是。

“小李，别讲话，听我说！”

“张小姐，你能否等一下再剪你的指甲？”

“老王，我说什么你清楚吗？”

……

这样的话，局长每次开会都要说。这让他感到很郁闷，提醒也提醒过了，骂也骂过了，甚至也宣布要对开会时不注意听的人进行惩罚，可是没用。

局长大人实在没了脾气，便找到办公室主任，让他想办法建立一套制度，彻底解决这个问题。

办公室主任接受了这个艰巨的任务。事情明摆着，这就是“法不责众”。如果一个一个地去抓，抓到后就处理？那这个会还怎么开？好，就算抓了，也处理了，下一次你能保证他不再犯吗？建立制度？什么样的制度能管得这么死？难道让大家只能像个小学生一样，双手背在后，头扬起，眼睛注视前方？不可能的事嘛！何况，就算控制得了大家的行为，你又怎么去控制他们耳朵里听什么，脑子里想什么？

虽然这位办公室主任搞了多年的行政和人力资源管理工作，但对于这项工作他想了好几天依然不得要领。这不，局长大人宣布又要开会了，他的解决方案还一个字都没写。他愁眉苦脸地想：开会嘛！不像别的工作总有专人负责，事不关己高高挂起很自然，即便是事关自己，那领导不是单独在和自己谈话，也可以当成耳旁风。这就是个责任承担的问题……

责任承担？脑子中灵光一闪，他突然想到了！当局长问这位办公室主任关于开会的纪律拟定了没有，什么时候交上来看看时，他笑着说：“不需要什么一套方案，很简单，以后开会时你

不要秘书参加，开完会后再宣布，这次由谁来整理会议记录……"

对于工作，当然是谁负责任谁就会高度关注。那究竟谁负责任呢？上面不说，下面就只能假想很可能会是自己。现在只抓一项工作——会议记录；只盯一个人——记录的人；只看一件事——他是否能把会议记录下来。做不出来，就交不了差，当然只能承认自己开会时没有认真了。而这个记录的人每次都是不确定的每一个人都有可能被点中，所以每一个人都必须认真去听才行。

看看，困扰多时的工作难题，一个小小的灵感就解决了。而这样的灵感，可不是在纸上按部就班地写下第一条、第二条、第三条……就可以得到的。

但是，灵感也不是完全不可捉摸的。事实上，世间万物都遵循着一个从量变到质变的过程。思考得多，灵感自然也更多一些。只要你思考的方向正确，只要你够虔诚，当你的思维达到一定的量时，就会突然眼前一亮，豁然开朗。

灵感思维方法在科学研究和发明中的作用是人所皆知的，有关这方面的事例不胜枚举。因此，灵感思维对于科学发现和发明来说，有如火花、催化剂、助产士一样，不断地催生一批又一批的发明成果。

早在诺贝尔之前，意大利一位著名的教授就在 1847 年发明了制造炸药的原料硝化甘油。但是，因为它的稳定性实在差，稍微受到震动就发生爆炸，因此很难应用到实际生活和生产当中。

诺贝尔年轻的时候就表现出化学方面的才能，他继续研究液体炸药硝化甘油，希望把它应用在矿山和隧道的施工中。但是硝化甘油爆炸性太强，在试验中多次发生爆炸，他最小的弟弟埃米尔和另外 4 个人都被炸死了。瑞典政府禁止他重建被炸毁的工厂。他被迫到湖面一艘驳船上进行试验，以寻求减少硝化甘油因为震动而发生爆炸的方法。

有一天，在他从火车上搬下装有硝化甘油的铁桶时，发现滴落在沙地上的硝化甘油立即被沙子吸收了。他感到很奇怪，于是用脚去踩那吸附了硝化甘油的沙子，发现硝化甘油凝固在沙子里，而未见其爆炸。于是，他欣喜若狂地喊："我找到了！我找到了！"后来，他继续研究，以硅藻土作吸附剂，使这种混合物得以安全运输。在此基础上，他又发明了改进的黄色炸药和雷管。

灵感很神奇，但却并不神秘。别以为灵感只属于学识渊博的科学家和艺术家。其实只要努力。普通人也同样能得到它。

我国有一位五年级的小学生方黎，看到普通的篮球架只有一个球篮，而且高度是固定的，使用起来很不方便。她想设计一种"多用升降篮球架"：一个球架上安装四个篮圈，并且可以升高降低，使更多的同学，包括低年级的同学能够同时练习投篮。在这项发明中，她就是看到妈妈调节落地风扇的高度，突然受到启发，想出了使篮球架随意升降的办法。

灵感对我们来说并不陌生，在每一个人的头脑中都会产生的。但并非每一个人都能够及时地把握住突发的灵感，这除了需要我们有创造的激情与勤奋努力外，还需要高度集中的注意力，只有专注才能抓住转瞬即逝的智慧火花，并将它运用到创造之中，从而促进我们工作的顺利开展。

下面这个故事中的主人翁就是依托灵感的启发而使工作走上了通畅的轨道。

晓兰在一家广告公司做了快两年，可是觉得有些泄气，凭着著名大学本科的学历进入这家公司，她很希望能好好表现一番，可是始终拿不出可以让她扬眉吐气的成绩来。

最近，一位比她资历还浅的学妹，竟然因为一个很有创意的方案，不但让客户十分满意地与公司签下了长期合约，而且还得了广告创意大奖。晓兰觉得面子有些挂不住了，心灰意冷地打算辞职另找其他性质的工作。"我太笨了！可能不适合干这行。”因为心情不好影响到身体，晓兰擤着鼻涕坐在医院的候诊室里，心中还不住地嘀咕。

“广告学的理论我都背得滚瓜烂熟，技术也不输人家，可是为什么做出来的东西就是那么死板？”想着想着，晓兰不由自主地叹了口气。

她使劲儿擤着鼻涕，两眼无神地望着前方。医生迟到了，匆匆进入了诊疗室。忽然，晓兰捏皱了口袋中拟好的辞职信，站起来就往外走。

过了几个星期，晓兰的广告公司推出了这样一个电视广告。

一位身穿手术衣帽并戴着口罩的大夫，正紧皱眉头专心动手术，四周的气氛紧张而凝重。护士不停地为医生擦拭额头上的汗。只见他伸手接过一把剪刀，再一伸手又接过一把刀子，过了一会儿又一伸手接过一个瓶子往下倒……医生手持瓶子，拉下口罩，注视着自己的杰作，满意地笑了。

镜头一转，他的杰作竟然是一锅让人垂涎三尺的螃蟹。

这时唯一的一句旁白响起：“只有××牌调味料，才能让你大显身手！”

这个佳作可是晓兰在诊室的那一刻受到启发想出来的点子呢！

这种由于受到别人或某种事件或现象原型的启示，激发创造性思维，叫启示型灵感。这种灵感往往在急中产生，所谓“急中生智”。

一家化学实验室里，一位实验员正在向一个大玻璃水槽里注水，水流很急，不一会儿就灌得差不多了。于是，那位实验员去关水龙头，可万万没有想到的是水龙头坏了，怎么也关不住。如果再过半分钟，水就会溢出水槽，流到工作台上，浸湿工作台上的仪器和原料，便会立即引起爆裂，里面正在起着化学反应的药品，一遇到空气就会突然燃烧，几秒钟之内就能让整个实验室变成一片火海。实验员们面对这一可怕情景，惊恐万分，他们知道谁也不可能从这个实验室里逃出去。那位实验员一边去堵住水嘴，一边绝望地大声叫喊起来。可是大家都束手无策、不知所措。眼看着死神已一步一步向他们走来了。

就在这时，一名女实验员突然想到这个场景与“司马光砸缸”很是相似，便将手中捣药用的瓷研杵猛地投进玻璃水槽里，“叭”的一声水槽底部砸开了一个大洞，水直泻而下，实验室里一下转危为安。

灵感还与人的直觉密不可分，直觉是人的先天能力，它是在无意识状态下，从整体上迅速发现事物本质属性的一种思维方法。它不经过渐进的、精细的逻辑推理，是一种思维的断层和跳跃，它往往可以成为创意的源泉，被人们称为“第六感”。现实生活中，很多人其实正是靠直觉处理事情的。任何时候人都会有预感，只是我们时常忽视它，或把它当做非理性的无用之物。

假如我们能够了解，直觉是人类另一个认知系统，是和逻辑推理并行的一种能力，或许我们比较能够接受直觉的存在。让直觉进入我们的生活，与思考的能力并行，就像打开车子前面的两个大灯，同时照亮我们左右两边的视野。

在艺术创作和科学活动中，几乎处处都有直觉留下的痕迹。

马兹马尼扬曾对60名杰出的歌剧和话剧演员、音乐指挥、导演和剧作家们的创作进行了研究，结果发现这些人都谈到直觉思维曾在他们的创作过程中起过积极作用。

居里夫人在镭的原子量测定出来前4年就已预感到它的存在，并提议将其命名为镭，“以直觉的预感击中了正确的目标”；诺贝尔奖获得者丁肇中教授也写道：“1972年，我感到很可能存在许多具有光特性而又比较重的粒子，然而理论上并没有预言这些粒子的存在。我直觉上感到没有理由认为重光子一定要比质子轻。后来经过实验，果然发现了震动物理界的J粒子。”

1908年的一天，日本东京帝国大学化学教授池田菊苗正坐在餐桌旁，品味着贤惠的妻子为他准备的晚餐，餐桌上摆满了各种各样的菜肴，教授吃吃这个，尝尝那个，然后拿起汤匙喝了口妻子特意为他做的海带汤。

刚喝了一口，池田菊苗教授即面露惊异之色，因为他发现海带汤太鲜美了。直觉告诉池田菊苗这种汤中肯定含有一种特殊的鲜味物质。于是，教授取来许多海带，进行了一系列化学分析，经过半年多的努力，终于从10千克海带中提炼出了2克谷氨酸钠，把它放进菜肴里，鲜味果然大大提高了。池田菊苗便将这种鲜味物质定名为味之素，也就是我们所说的味精。

由于直觉的灵感在发明创造领域的重要作用，一些著名的科学家、艺术家由衷地给了直觉以最高的评价。如爱因斯坦说，“我相信直觉和第六感觉”，“直觉是人性中最有价值的因素”；未来派艺术大师玛里琳·弗格森说：“如果没有直觉能力的话，人类将仍然生活在洞穴时代。”丹麦物理学家玻尔说：“实验物理的全部伟大发现都来源于一些人的直觉。”他还举例说：“卢瑟福很早就以他深邃的直觉认识到原子核的存在。”法国著名数学家彭加勒说：“教导我们瞭望的本领是直觉。没有直觉，数学家便会像这样一个作家：他只是按语法写诗，但却毫无思想。”

灵感有时就像那飞翔的鸟一样，突然闪现，转瞬即逝。在困境之中灵感的特点更为明显，人们往往急中更能生智，只要抓住跳荡的灵感之火，就能找到最好的方法，开启智慧之门，逃离困境，取得意想不到的成功。那么，我们就要学会在困境中迅速抓住脑海中的想法，不让它溜走。

在一次国际名酒博览会中，展出了中国名酒茅台。那时，茅台酒虽然在中国享有盛名，但在国际上还是一个无名小卒。

展出的名酒都有美丽高级的包装，茅台酒却因为没有好看的包装，而很少有人问津。

博览会眼看就要结束了，经过展示摊位的来宾，都是看一眼就匆匆地离开，负责展示的人员因为无法向上级交差，个个心急如焚，不知如何是好。

这时，一位工作人员灵机一动，“失手”打破了一瓶茅台酒，场内立刻香气四溢，许多来宾闻香而来，没多长时间，摊位前就集聚了大批观众。

博览会结束了，中国酒厂接到大批订单。从此茅台酒在国际上就有了知名度。

捕捉灵感创新思维的火花，就像“一下子抓住两只鸟”需要用“抓拍”的方法一样，更需要快速“抓拍”的能力。

有一位老师为了考考学生的快速应变思维能力，提了这样一个问题：“空中两只鸟儿一前一后地飞着，你怎样才能一下子把他们都抓住？”

学生们你一言我一语地说：用大网、用气枪、用麻袋……说什么的都有，方法很多，但大家感到这些方法难以实现。

老师的答案大大出乎学生的意料：

“照相机！”

用拍照的方法，太妙了！瞬间就能留下永恒。

灵感的瞬间爆发是长期艰苦探索、长期思考酝酿的结果，从灵感产生的过程来看，灵感的酝酿往往有一个因人而异、长短不一的潜伏期。但是，它的出现又是快速的，稍纵即逝的，就像在百思不得其解之后突然悟出一个问题的绝妙答案或解决方案一样，如果不及时捕捉灵感，记下灵感，灵感也会消逝得无影无踪，再也不回来。因此，要求我们必须具备快速抓住灵感的能力。

所有智力和思维正常的人，随时随地都会有各种各样、大大小小的灵感在头脑中闪现，可是由于主人预先没有做好捕捉的准备，大量的灵感、创意、妙策、奇想、思想火花甚至惊人的发现，都在人们漫不经心、猝不及防、来不及捕捉与记录的情况下消失得无影无踪。数学发展史上著名的费马大定理的证明就是如此。

1621年,大数学家费马曾突然萌发灵感,提出了一个简单而新奇的数学定理:

当整数n>2时,方程式“Xn+Yn=Zn”没有正整数解。

就是说,没有一组正整数X,Y,Z能满足上面的方程式。费马在一本书的页边上写下了这个定理,并且自豪地说:“我得到了这个断语的惊人的证明,但这页边太窄,不容我把证明写出来。”

费马把这事放下了。但自那以后,费马自己也没有重新想起这一难得的灵感,结果害得300多年来许多人为它绞尽脑汁,直到1994年,费马逝世300多年后,英国数学家怀尔斯才证明了费马大定理。灵感一失竟然长达300年!

许多人都会犯费马的错误,因为懒惰或其他的什么原因而搁置灵感,任它消失得无影无踪而无法补救。

既然你已经注意到了灵感是这么容易消逝,也开始了灵感思考,下面该做的就是准确地把想到的灵感记录下来,否则就会像大多数人一样,还没开始执行就忘光了。你是否有这样的经历:早晨一醒来就冒出一个好点子,等你到了教室或办公室,却怎么也想不起来这点子是什么了。许多灵感是与周围环境息息相关的,一旦环境改变了,灵感也就不见了。所以要养成随手记录的好习惯。以下是一些记录创意和灵感常用的方法。

(1)在床头或厨房里放一叠便笺。

(2)在浴室里放一支笔。

(3)在车里放一部小型录音机。

(4)随时在口袋里准备着笔记本或便笺。

(5)把点子记在每日必看的电视节目单上。

(6)用增进记忆的方法——以图画表述点子的主旨。

(7)马上给自己打录音电话。

(8)一时找不到纸就记在手腕上。

(9)一定要随身带笔，如果忘了，就要开动脑筋，例如利用沙滩上的沙、浴室镜子上的雾、仪表盘上的积灰。

……

灵感可以促使新发现与发明的产生，而且能助人成功，因而成为大家欢迎的贵客。但是，它却只喜欢拜访勤奋的主人，越勤于思考的人越能得到灵感的垂青。培养灵感思维，需要具备以下一些主观条件：

一是要有需进行创新思考的题目。“饱食终日，无所用心”的人，没有什么问题需要思考，自然也不会产生灵感。由于自身的好奇心和求知欲，或者由于客观实践的需要，所产生的创新思考题目，是灵感的“种子”。不播下创新思考的题目，就不可能收获创新灵感之果。

二是要有必需的相关经验和知识作为基础，这是灵感产生的土壤。灵感什么时候在头脑中出现是偶然的，但它产生的原因却具有必然性。经验和知识是产生灵感的基础。笛卡尔拥有渊博深厚的哲学知识和数学知识，他才可能获得创立解析几何学的灵感。一个头脑空空的人，不可能产生多么有价值的灵感。

三是要对问题作较长时间的反复思考。“没有一番寒彻骨，哪有梅花扑鼻香”，灵感是辛勤劳动和勤于思考的结晶，所谓“不思而至”，这是灵感出现时的一种假象。德国哲学家黑格尔曾嘲讽过那些以为可以不经艰苦思索就能获得灵感的人：**“最大的天才尽管朝朝暮暮躺在青草地上，让微风吹来，眼望着天空，温柔的灵感也始终不会光顾他。”**

第三章 开阔思路，打破束缚：让思想冲破牢笼

思想是世界上最自由不羁的东西，它无质无形，不落不依，天马行空，又来去无踪；但它同时也是世界上最容易被束缚被禁锢的东西，轻而易举就能被知识、观念、思维、习惯、常规以及其他任何看似微不足道的东西捆绑、束缚、控制、拘禁……带着思想工作，就一定要放开思想，开阔思路，砸碎禁锢，突破束缚，让思想走出藩篱，让思想冲破牢笼，才能把思想融入工作！

1.更新观念，突破思维定式的束缚

思维是人类最为本质的特征，是人一切活动的源头，也是创新的源头。有了创新思维才能开始创新活动，有了创新活动才能产生创新成果。一个人的思维能力总体处于发展、变化的趋势中，但也会存在一种相对稳定的状态。这种状态是由一系列的思维定式所构成，由一系列思维定式的品质所表现。

思维定式是指人们按习惯的、比较固定的思路去分析和解决问题。思维定式就是从固定的角度来观察、思考事物，虽然有助于提高解决同类问题的速度和能力，但思维定式一旦形成，将直接影响人们的思想观念，进而影响人们的行为方式。在遇到新问题的时候，就会无所适从、不知所措了，甚至会产生错误的选择。

什么样的思维是定式思维呢？比如有位警察到森林打猎，他在野兽经常出没的地方隐蔽起来。忽然，一只鹿跑了出来，这位警察立即跳过灌木丛，朝天开一枪，并大喊“站住，我是警察！”这就是因为职业习惯而形成的定式思维，而定式思维又会引导我们犯错。

有很多观念容易形成定式思维。

比如你今天叫小鸡后就给小鸡吃米，明天你还叫小鸡再给它吃米。后天小鸡就知道你一叫它就是给它吃米。小鸡就归纳出一套结论：主人叫必有米吃。久而久之，思维定式就形成了。它用这种思维定式的方式判断事理，在前六个月都是正确无误的。六个月以后的一天，小鸡又听到主人的叫唤，小鸡还是高兴地走到主人面前，以为和往常一样可以吃到很喜欢吃的米。但是不幸的事件发生了，主人没有喂小鸡(现在的小鸡也成了大鸡了)，而是一把抓住小鸡宰了它，要吃小鸡炖蘑菇了。长期的这种习惯让小鸡形成了它自己的逻辑，也就是形成了一种思维的定式。这种定式让它最后犯了一次致命的错误。

我们人也是一样，长久的、固有的观念都会形成思维的定式。比如经验、习惯、书本、知识，等等。一旦形成一种思维的定式，就有可能被这种定式套牢，而无法跳出来了。

有这样一个脑筋急转弯，说一个孩子与一个大人在一起，有人问大人："他是你儿子吗？"大人回答："是。"再问孩子："他是你父亲吗？"

孩子回答："根本不是。"

为什么？你知道答案吗？很简单，因为那个大人是孩子的母亲。要转过这个弯来，就必须打破思维的定式，因为人们的惯常思维是将儿子与父亲对应起来的。

如何克服思维定式呢？很简单，就是要更新你的观念，经常想到"一切皆有可能"这句话。假如有人问"计算机能煲汤吗？"你一定不要做"荒唐"、"怎么可能"这样的回答，而是要回答"没问题！"这样的异想天开就是突破定式思维的妙方，就是创造性思维，就是创新之源。

有位拳师，熟读拳法，与人谈论拳术滔滔不绝，拳师打人，也确实战无不胜，可他就是打不过自己的老婆。拳师的老婆是一位不知拳法为何物的家庭妇女，但每每打起来，总能将拳师打得抱头鼠窜。

有人问拳师："您的功夫都到哪儿去了？"

拳师恨恨地道："这个死婆娘，每次与我打架，总不按路数进招，害得我的拳法都没有用场！"

拳师精通拳术，战无不胜，可碰到不按套路进攻的老婆时，却一筹莫展。这就是被拳术套路的定式束缚住了的案例。

"熟读拳法"是好事，但拳法是死的，如果盲目运用书本知识，一切从书本出发，以书本为纲，脱离实际，这种由书本知识形成的固定认识反而使拳师遭到失败。所以，要创新还要勇于突破书本的束缚、知识的束缚。

20世纪50年代初,美国某军事科研部门在研制一种高频放大管的时候,科技人员都被高频率放大能不能使用玻璃管的问题难住了,因此研制工作迟迟没有进展。后来,决定由发明家贝利负责的研制小组承担这一任务,但是,上级主管部门在给贝利小组布置这一任务的同时,鉴于以往的经验,还下达了一个很奇怪的指示:不许查阅有关书籍。经过贝利小组的顽强努力,终于制成了一种高达100个计算单位的高频放大管。

在完成了任务以后,研制小组的科技人员都不明白为什上级下达这样的禁令?查阅了有关书籍后,他们全都大吃一惊,原来书上明明白白地写着:如果采用玻璃管,高频放大管的最高频率是25个计算单位。如果他们查阅了书籍,头脑中形成了高频放大管最高只能放大25倍的定式思维后,再要突破一点可能都会欣喜若狂,更别说高达100个计算单位了。"25"与"100"两者的差距有多大!

后来,贝利对此发表感想说:"如果我们当时查了书,一定会对研制这样的高频放大管产生怀疑,就会没有信心去研制了。"

书中的知识也是前人总结出来的,而前人那些充满智慧的成果,仅仅是伟大的里程碑,而非终点的标志。"知识就是力量。"但如果是死读书,只限于从教科书的观点和立场出发去观察问题,不仅不能给人以力量,反而会抹杀我们的创新能力。"尽信书不如不读书",所以学习知识的同时,应保持思想的灵活性,注重学习基本原理而不是死记一些规则,这样知识才会有用。

所以,要有思想地工作,就不能有这种定式思维。看看下面这个题目,你是不是也被定式思维套住了?

一名杀人犯被判死刑。他必须选择三个房间中的一个受死。第一个房间里燃烧着熊熊烈火。第二个房间里全是刺客,手里都拿着上了子弹的枪。而第三个房间则塞满了3年没有进食的狮子。哪一个房间对他来说比较安全呢？

你会如何考虑这个问题？你脑中第一个感觉是怎样的呢？或许应该作为脑筋急转弯来考虑。“塞满了 3 年没有进食的狮子”，乍一看，很恐怖。狮子，百兽之王，而且还是塞满整个房间，自然而然会首先把它排除掉。而这样我们就进入了死胡同。但仔细一想：不对，3 年没进食还能起来吃人？显然这个房间是安全的。要想到这一点其实并不难，关键是要跳出“狮子太凶猛”的思维定式。

定式思维总是有让我们钻进思维死胡同的能力。有很多时候我们都会因为经验、因为知识、因为定式、因为书本、因为眼光等因素束缚住信念，捆住手脚。所以，一定要突破思维的定式才行。

克服思维定式要有“初生牛犊不怕虎”的精神。初生的牛犊之所以不怕虎，是因为不知老虎为何物，在它脑中没有“老虎会吃人”的经验定式。因此见了老虎，敢于本能地用牛角去顶，而这时，带有“牛见了我会逃跑”思维定式的老虎，反倒不知所措，于是落荒而逃。这就是打破定式思维取得的胜利。

法国著名歌唱家玛迪梅普莱有一个美丽的私人林园，每到周末总会有人到她的林园摘花、拾蘑菇、野营、野餐，弄得林园一片狼藉，肮脏不堪。管家让人围上篱笆，竖“私人林园禁止入内”的木牌，均无济于事。玛迪梅普莱得知后，在路口立了一些大牌子，上面醒目写到：“请注意！如果在林中被毒蛇咬伤，最近的医院距此 15 千米，驾车约半小时即可到达。”从此，再也没有人闯入她的林园。

换一个角度，变一种说法，从反面入手变堵塞为疏导，果然轻而易举地达到目的。解放思想，让思想冲破牢笼，也需要学会这种变换视角、换个角度想问题、改变思维的方法，这样更有助于我们成功。

台湾学者李敖以机敏著称。一次他在演讲中不断地有人递纸条上来问问题。有一张纸条却只写了“王八蛋”三个字。李敖看到后大声地念了出来，台下一下子变得静悄悄的，接着他说："今天提问题的很多人都只问了问题而没有留名，这位听众很奇怪，他只留了名没有问问题。"台下立即炸开了，掌声如雷，都为他这种别出一格、机敏风趣的回答而叫好。

要大胆去想，不要被固有的思维捆住自己的手脚，也不要让经验或是知识阻碍我们前进的路，要学会自己去突破，自己去改变。

心理学家曾经注意到这样一个现象：牵一头大象，用一根细绳就可以了；而牵一头小象，却需要用粗的绳子。他们分析后认为：对于大象而言，因为被长期约束成为了习惯，它不会想到凭借自己的力量去摆脱绳子的控制，而小象则不一样，由于它没有形成被约束的惯性思维，所以尽管力量小，却反而比大象更危险，更难以控制，所以要用更粗的绳子。

这小象就和初生的牛犊一样，"无知者无畏"，在无意识中避免陷入固有的观念，为自身的自由也赢得了更大的可能。所以，有一种空杯的心态，一种勇敢的态度和一种不怕犯错的精神，就能助我们突破定式的思维，跳出定式的框框。下面这几种思维方法可以借鉴。

1. 加法思维

发明橡皮加铅笔的英国商人成了百万富翁，他只不过做了一个"1+1=2"的简单数学运算——把橡皮加上铅笔。

"怎样称一只猫的重量？"活泼的猫咪不会嘲笑聪明的人，一个人先称，然后再抱着猫称就行了。

有个老人留遗嘱要把17匹马分给三个儿子，三人分别得1/2、1/3、1/9，这可难坏了弟兄仨。这时有个聪明的人骑着马来了，他把他的马加进来，于是按老汉的意思分了马而又没有杀死任何一匹马，更妙的是分完后还剩下一匹，于是聪明的人又骑着自己的马走了。其实算一算就知道，聪明的人其实歪曲了老汉的意思，只是这弟兄仨，以及我们似乎并不在意。因为这样的思维本身就是很高妙的。

2.减法思维

我们的算盘，上面本有两个算盘珠，现在变成了一个。因为那一个从来就没有用。这个“2－1＝1”的减法运算是过了1000多年才有人算出的。

“去掉一点，豁然开朗”，生活中这样的例子并不少见。

3.立体思维

六根木条要拼成四个三角形，看似根本拼不成！其实能拼成：拼成立体的就行了。

要用两个正方体（每个当然6面了），在每一面上写上0－9中的任意数字，但是要达到这样一个目标：能够通过翻转或颠倒两个正方体来表示一年中的所有月份中的所有日子。很多人都会想这其实这根本不可能！其实是可能的：6倒过来看就是9，所以可以少写个9或6，那么，你应当能做到了吧？

4.反向思维

诸葛亮的“空城计”被千古传诵，是因为他一生谨慎，却突然来了个反向思维——屡屡吃亏的司马懿无论如何也想不到其对手“一生不肯犯险”，却突然在这时来了个180度的大转向。

5.破坏思维

据说中国的某个朝代有个聪明的王妃。旁边有个小国家想侵犯中原，于是伺机挑衅：派了一个使者带了一个玉连环来到中原，说他们国家没人能解开，听说中原王妃特别聪明，不知能否解开？王妃看了一看，顺手把它扔到了地上，玉连环被摔成了碎片但是完全散开了。使者惭愧而去。

有个毛毛虫爬到了河边，它怎么过河？——这是一个脑筋急转弯：过河的方法当然很多，不过还是等它变成蝴蝶后飞过去最有创意。

知识、见识、书本、过往经验，都是我们创新的资源，但如果让这些东西禁锢了我们的思维，它们就会成为我们创新的障碍。而解决这一矛盾现象，就迫切需要我们打破一些固有观念和思维方式，敢于跳出条条框框，多一分感性想象，多一些理性假设，往往会取得意料不到的好结果。

2. 摒除固化思维，拆掉“霍布森之门”

何谓“霍布森之门”？

这源于一个“霍布森选择”的故事。关于“霍布森选择”的故事版本有很多，这里讲述比较通用的一个版本。

1631年，英国剑桥有一个名叫霍布森的马匹生意商人，对前来买马的人承诺：只要给一个低廉的价格，就可以在他的马匹中随意挑选，但他附加了一个条件：只允许挑选能牵出圈门的那匹马。

这显然是一个圈套，因为好马的身形都比较大，而圈门很小，只有身形瘦小的马才能通过。实际上这是限定了范围的选择，使表面看起来选择面很广实际上却选择很少。那扇门即所谓的“霍布森之门”。

那么，“霍布森之门”与创新思维有关联吗？

当然有。

因为我们的头脑中都存在一个或大或小的“霍布森之门”。它就是我们对事物的固有判断。

有一艘远洋海轮不幸触礁，沉没在汪洋大海里。船上9名船员拼死登上一座孤岛，才暂时得以幸存下来。

但接下来的情形更加糟糕。岛上除了石头，还是石头，没有任何可以用来充饥的东西。更为要命的是，在烈日的暴晒下，每个人都口渴得冒烟，水成了最珍贵的东西。

尽管四周都是水——海水，可谁都知道，海水又苦又涩又咸，饮用过后反而会更加口渴，最终会因严重脱水而死亡。现在9个人唯一的生存希望是老天爷下雨或过往船只发现他们。

等啊等，没有任何下雨的迹象，天际除了海水还是一望无际的海水，没有任何船只经过这个死一般寂静的岛。渐渐地，他们支撑不下去了。

其他8名船员相继渴死，只剩下最后一个人，饥渴、恐惧、绝望环绕在他的四周，当他也快要渴死的时候，他实在忍受不住，跳进海水里，"咕嘟咕嘟"地喝了一肚子海水。他喝完却一点儿也觉不出海水的苦涩味，相反觉得这海水非常甘甜，非常解渴。他想：也许这是自己死前的幻觉吧，便静静地躺在岛上，等着死神的降临。

他睡了一觉，醒来后发现自己还活着，感到非常奇怪。于是他每天靠喝海水度日，终于等来了过往的船只。

他得以生还后，大家都很奇怪这片海水为什么是甘甜的可饮用水，后来有关专家化验岛上的海水发现，这片海下有一口地下泉。由于地下泉水的不断翻涌，所以，这儿的海水实际上是可口的泉水。

谁都知道"海水是咸的"、"根本不能饮用"，这是基本的常识，饥渴的船员们被这扇常识的门挡在了生的这边，所以8名船员被渴死了。而第9名船员在求救无望的生死之际，打破了这扇门，却正好使他得到了一线生机。

在工作与生活中，我们常会遇到这样的情况，一方面是广泛地学习和接受新事物，决定从中选择一些好的方向或建议，但最终都通不过一些固有的观念所造成的小门，只因为这扇门存在于自己的心中，不易被我们察觉。而正是这扇小门，成了我们迈向成功的障碍，甚至会使我们丧失解决问题的自信。

就像在我们的固有观念中，推销一把斧子给美国总统简直是天方夜谭。但一位名叫乔治·赫伯特的推销员却成功地做到了。

布鲁金斯学会得知乔治把斧子推销给了小布什总统这一消息，立即把刻有“最伟大推销员”的一只金靴子赠予了他。这是自1975年以来，该学会的一名学员成功地把一台微型录音机卖给尼克松后，又一名学员获得如此高的殊荣。

布鲁金斯学会以培养世界上最杰出的推销员著称于世。它有一个传统，在每期学员毕业时，设计一道最能体现推销员能力的实习题，让学生去完成。克林顿当政期间，他们出了这么一个题目：请把二条三角裤推销给现任总统。8年间，有无数个学员为此绞尽脑汁，可是最后都无功而返。

克林顿卸任后，布鲁金斯学会把题目换成：请把一把斧子推销给小布什总统。

鉴于前8年的失败与教训，许多学员知难而退，个别学员甚至认为，这道毕业实习题会和克林顿当政期间一样毫无结果，因为现在的总统什么都不缺少，再说即使缺少，也用不着他亲自购买。即便他亲自购买，也不一定赶上正是你去推销。

然而，乔治·赫伯特却做到了，并且没有花多少工夫。一位记者在采访他的时候，他是这样说的：“我认为，把一把斧子推销给小布什总统是完全可能的，因为布什总统在得克萨斯州有一农场，里面长着许多树。于是我给他写了一封信，说：‘有一次，我有幸参观你的农场，发现里面长着许多矢菊树，有些已经死掉，木质已变得松软。我想，你一定需要一把小斧头，但是从你现在的体质来看，一些新小斧头显然太轻，因此，仍然需要一把不甚锋利的老斧头。现在我这儿正好有一把这样的斧头，很适合砍伐枯树。假若你有兴趣的话，请按这封信所留的信箱，给予回复……’最后他就给我汇来了15美元。”

事后，很多人发出感叹：啊，原来这么简单！可为什么那些人没有去尝试呢？因为他们头脑中已经有了一道“霍布森之门”，除了“向总统推销东西不可能成功”这一观念外，没有任何观念能够通过这道门。这道门已经封锁了他们的前进之路。

“霍布森之门”在企业创新中的影响也极为显著。有的企业准备上一个新项目，经多方论证后，已经没有什么问题了，最后却因为决策者的保守观念而放弃。

2004年年底，IBM公司宣布将把个人电脑部门出售给联想的时候，很多人都觉得不可思议。IBM出售个人电脑部门的原因很复杂，但从全球计算机行业的发展来看，个人电脑业务已经过了高速增长的阶段，难以再像以前那样创造高额的利润。所以IBM计划把未来的发展战略进一步向纵深发展，涉足技术服务、咨询业务、软件业务、大型计算机网络和互联网等领域，这些领域远远比个人电脑业务更有利润可图。尽管大家都知道IBM出售个人电脑业务是出于发展战略调整的需要，但在很多人眼中，IBM就是曾经的电脑代名词，觉得卖掉起家时的支柱在情感上难以接受。

既然是一桩合情合理的生意，为什么不能做？可见，我们在心中对一个企业的所谓定位就是一扇“霍布森之门”，纵有再多的创新想法，在遇到这些前提或限定的时候，也只能让位于情感上的保守。

要培养自己的创新思维，就必须找出我们心中的那扇“霍布森之门”，并鼓起勇气拆掉它。这样，你才能敢于放手去做你想做的事情，去开拓一片更加广阔的天地，进行更加丰富的选择。

3. 挣脱惯性思维，抛弃“路径依赖”

与固化思维一样禁锢我们思想的还有“路径依赖”，这对我们放飞思想的影响也是很大，必须摒除。

我们都知道现代铁路两条铁轨之间的标准距离是固定的，无论哪个国家、哪个地区，这一数值都是 4 英尺又 8.5 英寸(1.435 米)。也许你会对这个标准感到费解，为什么不是整数呢？这就要从铁路的创建说起了。

早期的铁路是由建电车的人设计的，而 4 英尺又 8.5 英寸正是电车所用的轮距标准。那电车的轮距标准又是从何而来的呢？这是因为最先造电车的人以前是造马车的，所以电车的标准是沿用马车的轮距标准。马车又为什么要用这个轮距标准呢？这是因为英国马路辙迹的宽度是 4 英尺又 8.5 英寸，所以如果马车用其他轮距，它的轮子很快会在英国的老路上撞坏。原来，整个欧洲，包括英国的长途老路都是由罗马人为其军队所铺设的，而 4 英尺又 8.5 英寸正是罗马战车的宽度。罗马人以 4 英尺又 8.5 英寸为战车的轮距宽度的原因很简单，这是牵引一辆战车的两匹马屁股的宽度。

马屁股的宽度决定了现代铁轨的宽度，也许你会觉得有几分可笑，但事实就是如此。这一系列的演进过程，也十分形象地反映了路径依赖的形成和发展过程。

“路径依赖”这个名词，是美国斯坦福大学教授保罗·戴维在《技术选择、创新和经济增长》一书中首次提出的。戴维教授指出：“路径依赖”最初出现在制度变迁中，由于存在自我强化的机制，使得制度变迁一旦走上某一路径，它的既定方向在以后的发展中将得到强化。

“路径依赖”反映了我们思路的局限性，思维会受既定的标准所限制，而难以有所突破。这种现象在生活中也是普遍存在的。

春秋时期的一天，齐桓公在管仲的陪同下，来到马棚视察。他一见养马人就关心地询问：“马棚里的大小诸事，你觉得哪一件事最难？”养马人一时难以回答。这时，在一旁的管仲代他回答道：“从前我也当过马夫，依我之见，编排用于拦马的栅栏这件事最难。”齐桓公奇怪地问道：“为什么呢？”管仲说道：“因为在编栅栏时所用的木料往往曲直混杂。你若想让所选的木料用起来顺手，使编排的栅栏整齐美观、结实耐用，开始的选料就显得极其重要。如果你在下第一根桩时用了弯曲的木料，随后你就得顺势将弯曲的木料用到底，笔直的木料就难以启用。反之，如果一开始就选用笔直的木料，继之必然是直木接直木，曲木也就用不上了。”

管仲虽然不知道“路径依赖”这个理论，却已经在运用这个理念来说明问题了。他表面上讲的是编栅栏建马棚的事，但其用意是在讲述治理国家和用人的道理。如果从一开始就作出了错误的选择，用了不该用的人那么后来就只能是将错就错，很难纠正过来。由此可见“路径依赖”的可怕，如果最初的思路是错误的，就很难得到正确的结果了。

我们在生活中、工作中常常会遇到“路径依赖”的现象，使思维陷入对传统观念的依赖中。这种依赖是创新路上的一块绊脚石，要想有所创新，就要努力突破“路径依赖”，开辟一条新的路径，像下面故事中的B公司销售人员一样。

A公司和B公司都是生产鞋的，为了寻找更多的市场，两个公司都往世界各地派了很多销售人员。这些销售人员不辞辛苦，千方百计地搜集人们对鞋的各种需求信息，并不断地把这些信息反馈给公司。

有一天，A公司听说在赤道附近有一个岛，岛上住着许多居民。A公司想在那里开拓市场，于是派销售人员到岛上了解情况。很快，B公司也听说了这件事情，他们唯恐A公司独占市场，也赶紧把销售人员派到了岛上。

两位销售人员几乎同时登上海岛，他们发现海岛相当封闭，岛上的人与大陆没有来往，他们祖祖辈辈靠打鱼为生。他们还发现岛上的人衣着简朴，几乎全是赤脚，只有那些在礁石上采拾海蛎子的人为了避免礁石硌脚，才在脚上绑上海草。

两位销售人员一到海岛，立即引起了当地人的注意。他们注视着陌生的客人，议论纷纷。最让岛上人感到惊奇的就是客人脚上穿的鞋子，岛上人不知道鞋子为何物，便把它叫做“脚套”。他们从心里感到纳闷：把一个“脚套”套在脚上，不难受吗？

A公司的销售人员看到这种状况，心里凉了半截，他想，这里的人没有穿鞋的习惯，怎么可能建立鞋的市场？向不穿鞋的人销售鞋，不等于向盲人销售画册、向聋子销售收音机吗？他二话没说，立即乘船离开海岛，返回了公司。他在写给公司的报告上说：“那里没有人穿鞋，根本不可能建立起鞋的市场。”

与A公司销售人员的情况相反，B公司的销售人员看到这种状况时心花怒放，他觉得这里是极好的市场，因为没有人穿鞋，所以鞋的销售潜力一定很大。他留在岛上，与岛上人交上了朋友。

B公司的销售人员在岛上住了很多天，他挨家挨户做宣传，告诉岛上人穿鞋的好处，并亲自示范，努力改变岛上人赤脚的习惯。同时，他还把带去的样品送给了部分居民。这些居民穿上鞋后感到松软舒适，走在路上他们再也不用担心扎脚了。这些首次穿上了鞋的人也向同伴们宣传穿鞋的好处。

这位有心的销售人员还了解到，岛上居民由于长年不穿鞋的缘故，与普通人的脚形有一些区别，他还了解了他们生产和生活的特点，然后向公司写了一份详细的报告。公司根据这些报告，制作了一大批适合岛上人穿的鞋，这些鞋很快便销售一空。不久，公司又制作了第二批、第三批……B公司终于在岛上建立了皮鞋市场，狠狠赚了一笔。

按照传统路径，海岛上的居民不穿鞋子，鞋子又怎会在这里有市场呢？然而，B公司的销售人员却突破了对这一路径的依赖，用创新的方法使居民认识到穿鞋的好处，就这样，轻而易举地打开了一片新的市场。

“路径依赖”理论不仅为我们显现了禁锢思想的原因，同时也提出了解除这种禁锢的疗法，那就是从源头上突破对某一种观点或规范的依赖。尝试用一种全新的办法，走一条全新的道路。尝试为创新思维开辟一片发展的空间，在这片自由的天空下，将创造力发挥到极致，取得生活和事业的双赢。

4. 走出偏见，打碎权威的枷锁

很多东西都会阻碍我们的思维，让我们的思维凝滞，找不到出路。比如某种偏见或权威的观念。是否敢于向权威质疑，向传统观念挑战，也是超越思维障碍的重要方面。

2005 年的诺贝尔生理学和医学奖授予了两位澳大利亚医生巴里·马歇尔和罗宾·沃伦，因为他们发现了幽门螺旋杆菌及其在胃炎与消化性溃疡疾病中所起的作用。

对于沃伦和马歇尔的研究，2005 年 10 月 3 日在斯德哥尔摩举行的新闻发布会上，瑞典罗林斯卡研究院诺贝尔奖委员会的一位成员诺马克评论说，澳大利亚人的细菌致溃疡理论是“完全相左于传统的知识和教条”，因为大多数医生都坚信溃疡源自压力和胃酸。

现任弗吉尼亚大学医学教授的美国胃肠病学协会主席普拉博士指出，两位获奖者的研究“革新了我们对溃疡性疾病的理解”，并且“给千百万人带来了希望”。普拉回忆说，1983 年他作为一名胃肠病学家还在军队服役，当时读到沃伦和马歇尔关于胃肠病的新观点时完全不赞同，“我认为这简直就是发疯”。但是，他承认他和他的同事对这个理论很感兴趣。很快他们就发现，按沃伦和马歇尔的理论对病人使用针对幽门螺旋杆菌的抗生素，就能治愈他们病人的溃疡。

沃伦如今已经退休。他说："长期以来，标准的医学讲义都是'胃是无菌的'，由于胃内有腐蚀性胃液，因此任何东西都不可能生长。所以每个人都相信胃里没有细菌。"他补充说，"当我说胃里有细菌时，没有一个人相信。"但是，经过十多年的时间检验，他的发现终于获得别人的接受。

1979 年 4 月，在澳大利亚佩思皇家医院工作的 42 岁的沃伦在一份胃黏膜活标本中意外地发现了一条奇怪的蓝线，用高倍显微镜观察的结果是有无数的细菌紧粘着胃黏膜上皮。以后沃伦又在其他活体标本中发现了这种细菌。由于这种细菌总是出现在慢性胃炎的标本中，沃伦便认为它与慢性胃炎等疾病可能有密切的关系。

由于受"正统的"观点影响，同在佩思皇家医院的马歇尔一开始也对沃伦的假说没有什么兴趣。后来马歇尔碍于情面，为沃伦提供了一些胃黏膜活体样本，并进行了相关试验。经过几次尝试后，马歇尔成功地从几个生物活检组织中培养出了当时尚不知晓的细菌菌株，即后来被命名为幽门螺旋杆菌的细菌。他惊讶地发现，沃伦的观点是正确的。

由于马歇尔和沃伦的发现，对幽门螺旋杆菌的研究才加强了，隐藏于疾病之后的病理机制持续地得到揭示。世界各大药厂也陆续投巨资开发相关药物，这也为后来治疗人类最普通的疾病之一——消化性溃疡疾病——奠定了基础。

人类的其他慢性炎症疾病，如节段性回肠炎、溃疡性结肠炎、类风湿关节炎和动脉粥样硬化也是起因于慢性炎症。幽门螺旋杆菌的发现已引起人类对慢性感染、炎症和癌症之间可能存在联系的深入认识，这也是沃伦和马歇尔成果的重要意义之一。

今天已经可以确认，幽门螺旋杆菌导致了90%以上的十二指肠溃疡和80%以上的胃溃疡。幽门螺旋杆菌感染与后来的胃炎及消化性溃疡疾病之间的关系也已通过志愿者的实验、抗生素治疗的研究而大白于天下。

两位科学家的成功，正是打破权威型思维枷锁的典型事例。

一般来说，权威是任何时代、任何社会都实际存在的现象。人们对权威普遍怀有尊崇之情，这本来是可以理解的。然而，这种尊崇常常演变为神话和迷信。在思维领域，不少人习惯于引证权威的观点，不加思考地以权威的是非为是非。

一旦发现与权威相违背的观点或理论，便想当然地认为其必错无疑，这就是束缚于权威型的思维枷锁。一般来说，创新能力强的人，大都具有思维反潮流的精神。上面两位科学家所创造的宝贵成果，正是善于打破权威障碍而得来的。他们表现出了大胆想象、勇于冒险的精神。

为了获得这种细菌致病的证据，马歇尔和一位名叫莫里斯的医生，自愿进行服食细菌的人体试验。马歇尔的母亲是一位老护士，一周后的一天她忽然发现儿子患上了口臭，原来马歇尔在服食培养的细菌后患上了胃炎。虽然马歇尔很快就痊愈了，但还是被母亲痛骂了一顿。莫里斯就没有马歇尔幸运了，他在服食培养的细菌后也患上了胃炎，费了好几年时间才治好。接下来，沃伦和马歇尔又用内镜对100例肠胃病病人进行研究。他们发现，所有十二指肠溃疡病人胃内都有这种细菌。沃伦在马歇尔的配合下，最终于1982年确认了这种神秘细菌的存在及其在胃炎、胃溃疡和十二指肠溃疡等疾病中所扮演的角色。这个发现十分有趣，但临床医生还是不信服。1984年4月，《柳叶刀》一字不改地发表了马歇尔和沃伦的论文。论文发表后在医学界引起极大反响，全世界掀起了一股研究热潮，并将沃伦和马歇尔发现的这种细菌定名为“幽门螺旋杆菌”。

在发现幽门螺旋杆菌及其导致胃炎、胃溃疡与十二指肠溃疡等疾病的机制20多年后，沃伦与马歇尔终于收到了一份迟来的“贺礼”，分享了2005年诺贝尔生理学或医学奖。正如评委会的颁奖公报中所说：“这一发现极大地提高了胃炎、胃溃疡和十二指肠溃疡患者彻底治愈的机会，从而提高了病人的生活质量。”毫不夸张地说，幽门螺旋杆菌的发现，开辟了人类消化道疾病研究的新纪元。

权威有时很强大，我们要消除对于权威的迷信和惧怕不是一件容易的事。但是，千万不要被权威的力量所震慑，在思想的道路上，在创新的道路上，唯有正确的才是我们要真正坚持和坚守的。

5. 敢于破界，超越一切常规

先看一则小故事：

上帝为人间制造了一个怪结，被称为“高尔丁”死结，并许有承诺：谁能解开奇异的“高尔丁”死结，谁就将成为亚洲王。所有试图解开这个怪结的人都失败了，最后轮到亚历山大，他说：“我要创建我自己的解法规则。”他抽出宝剑，一剑将“高尔丁”死结劈为两半。于是他就成了亚洲王。

这就是超越常规的典范。如果亚历山大也和众人一样，被固有的规矩束缚住，去解怪结，没有突破性的思维，不敢超越常规，那他也不可能流芳千古。

谁也不能揪着自己的头发离开地面，唯有一种突破常规的超越力量，唯有基于解放思想束缚后的勇敢行径，才能有柳暗花明的惊喜和峰回路转的开阔。

要突破思维的束缚，首先就要做好思想上的准备——敢于超越常规，超越传统，不被任何条条框框所束缚，不被任何经验习惯所制约。只有这样，才能产生更宽广的思绪与触觉。

曾以成功进行人工合成尿素实验而享誉世界的德国著名化学家维勒，收到老师贝里齐乌斯教授寄给他的一封信。

信是这样写的：

从前，一个名叫钒娜蒂丝的既美丽又温柔的女神住在遥远的北方。她究竟在那里住了多久，没有人知道。

突然有一天，钒娜蒂丝听到了敲门声。这位一向喜欢幽静的女神，一时懒得起身开门，心想，等他再敲门时再开吧。谁知等了好长时间仍听不见动静，女神感到非常奇怪，往窗外一看：原来是维勒。女神望着维勒渐渐远去的背影，叹气道：这人也真是的，从窗户往里看看不就知道有人在，不就可以进来了吗？就让他白跑一趟吧。

过了几天，女神又听到敲门声，依旧没有开门。

门外的人继续敲。

这位名叫肖夫斯唐姆的客人非常有耐心，直到那位漂亮可爱的女神打开门为止。

女神和他一见倾心，婚后生了个儿子叫“钒”。

维勒读罢老师的信，唯一能做的就是一脸苦笑地摇了摇头。

原来，在1830年，维勒研究墨西哥出产的一种褐色矿石时，发现一些五彩斑斓的金属化合物，它的一些特征和以前发现的化学元素“铬”非常相似。对于铬，维勒见得多了，当时觉得没有什么与众不同的，就没有深入研究下去。

一年后，瑞典化学家肖夫斯唐姆在本国的矿石中，也发现了类似“铬”的金属化合物。他并不是像维勒那样把它扔在一边，而是经过无数次实验，证实了这是前人从没发现的新元素——钒。

维勒因一时疏忽而把一次大好时机拱手让给了别人。

种种习惯与常规随时间的沉淀，会演变成一种定式、枷锁，阻碍人们的突破和超越。生活中常规的层层禁锢所产生的连锁效应不止于此，我们要做的工作就是打破一切规则，只有敢于超越，敢于破界才能赢得创造。

现在市场上的罐装饮料，很重要的一种是茶饮料。罐装茶饮料始于罐装乌龙茶，它的开发者是日本的本庄正则。

千百年来，人们习惯于用开水在茶壶中泡茶，用茶杯等茶具饮茶，或是品尝，或是社交，或是寓情于茶。而易拉罐茶饮料则是提供凉茶水，作用是解渴、促进消化、满足人体的种种需求。将凉茶水装罐出售是违反常识的，它抛开了茶文化的重要内涵，取其“解渴、促进消化”的功能。将乌龙茶开发成罐装饮料的成功创意，产生了经营上“出奇制胜”的效果。在公司经营下，这种看似违反常规的行为，实则是一种不错的经营之道。

本庄正则从20世纪60年代中期开始涉足茶叶流通业，他购买了一个古老的茶叶商号——伊藤园，并把它作为自己公司的名称。

伊藤园发展成茶叶流通业第一大公司，本庄正则投资建设了茶叶加工厂，把公司的业务从销售扩大到加工。1977年，伊藤园开始试销中国乌龙茶，并在短时间内获得畅销。但到了20世纪80年代，乌龙茶的销售达到了巅峰并开始出现“降温”倾向。

在这种情况下，本庄正则必须思变，否则事业将遭受沉重的打击。乌龙茶不好销了，茶叶的新商机在哪里呢?

早在20世纪70年代初茶叶风靡日本时，本庄正则就萌生了开发罐装茶的创意，但当时的技术人员遭遇到了“不喝隔夜茶”这一拦路虎，因为茶水长时期放置会发生氧化、变质现象，不再适宜饮用。因此，罐装乌龙茶的创意暂时不可能实现。

要使罐装乌龙茶具有商机，必须攻克茶水氧化的难关，从创造的角度上讲，这也是主攻方向。

于是，本庄正则投资聘请科研人员研究防止茶水氧化的课题。时隔一年，防止氧化的难题解决了，本庄正则当机立断开发罐装乌龙茶。

在讨论这项计划时，12 名公司董事中有 10 名表示反对，因为把凉茶水装罐出售是违反常识的。然而，长期销售茶叶的经验告诉本庄正则，每到盛夏季节，茶叶销量就要剧减，而各种清凉饮料的销量则猛增。他坚信，如果在夏季推出易拉罐乌龙茶清凉饮料，一定会大有市场。在本庄正则的坚持下，伊藤园开发的易拉罐乌龙茶清凉饮料于 1988 年夏季首次上市，大受消费者欢迎。乌龙茶销售又再现高潮，而且经久不衰，直到今天。

试想，如果不是本庄正则有超越常规的创新思维，敢于不按常理出牌，也就不会有乌龙茶销售的再一次热潮，更不会有茶饮料丰富样式的出现。

在人们的思维中，西瓜是圆的，然而，国外却开发出了方形西瓜，不易滚动，占据空间小，运输、储存、装卸都方便多了，其独特和新奇当然可以吸引更多的消费者，这就是破界带来的效果。只要破了界，看到的必将是另一个崭新的天地。

在美国新墨西哥州的高原地区，有一位叫威廉的人在那经营苹果。他种植的“高原苹果”味道好，无污染，在市场上很畅销。可是有一年，一场冰雹袭来，把满树苹果打得遍体鳞伤。而威廉已经预订出了 9000 吨“质量上等”的苹果。这突如其来的天灾给了威廉重重的一击！辛辛苦苦一年的成果，就这样被毁了不说，还有可能因此而背上沉重的债务。但是威廉不甘心这样，他要把“无利”变为“有利”，把“危机”变为“良机”。他仔细察看了受伤的苹果，立刻想出对策。他制作了这样一段广告词：

“本果园生产的高原苹果清香爽口，具有妙不可言的独特风味；请注意苹果上被冰雹打出的疤痕，这是高原苹果的特有标记。认清疤痕，谨防假冒！”结果，这批受伤的苹果极为畅销，以至后来经销商专门请他提供带疤痕的苹果。

创造性是上帝赋予每个人的神奇礼物，但却被很多固有的东西天数的界限紧紧地包着裹着隔断着，我们要得到创意的礼物，就要不拘一格，超越常规，敢于破界，敢于突破才行。

6.突破传统，不再死守老经验

在生活中，有些人习惯于遵循老传统，死守老经验，宁愿平平淡淡做事，安安稳稳生活，日复一日、年复一年地从事别人为他们安排好的重复性劳动，不敢有一丝的“出格”行为，对于那些未知的东西更是心中充满了畏惧。

这些人思想守旧，心不敢乱想，脚不敢乱走，手不敢乱做，凡事小心翼翼，中规中矩，虽然办事稳妥，但也不会有创造力，不懂得如何创造性地完成任务，也就不可能将工作做到卓越。因而就算机会到了面前，他们也会因为老经验而不敢尝试，错失良机。

小虎鲨的故事是西点军校学员的“反面教材”。

小虎鲨长在大海里，当然很习惯大海中的生存之道。肚子饿了，小虎鲨就努力找大海中的其他鱼类吃，虽然有时候要费些力气，却也不觉得困难。有时候，小虎鲨必须追逐很久才能猎到食物。这种难度，随着小虎鲨经验的增长越来越不是问题，也不会对小虎鲨的生存造成影响。

很不幸，小虎鲨在一次追逐猎物时被人类捕捉住了。离开大海的小虎鲨还算幸运，一个研究机构把它买了去。关在人工鱼池中的小虎鲨虽然不自由，却不愁猎食，研究人员会定时把食物送到池中。

有一天，研究人员将一片又大又厚的玻璃放入池中，把水池分割成两半，小虎鲨却看不出来。研究人员把活鱼放到玻璃的另一边，小虎鲨等研究人员放下鱼后，就冲了过去，结果撞到玻璃，疼得眼冒金星，却什么也没吃到。小虎鲨不信邪，过了一会儿，看准了一条鱼，嗖地又冲过去，这一次撞得更痛，差点没昏倒，当然也没吃到鱼。休息10分钟后，小虎鲨饿坏了，这次看得更准，盯住一条更大的鱼，嗖地又冲过去，情况没有改变，小虎鲨撞得嘴角流血。它想，这到底是怎么回事？小虎鲨趴在池底思索着。

最后，小虎鲨拼着最后一口气，再冲！但是仍然被玻璃挡住，这回撞了个全身翻转，鱼还是吃不到。小虎鲨终于放弃了。

不久，研究人员又来了，把玻璃拿走，又放进小鱼。小虎鲨看着到口的鱼食，却再也不敢去吃了。

西点军校的教官告诫学员：人类也很容易像小虎鲨一样被过去的经验所限制，如果你不想没有食物吃，那就勇敢地跨过经验这道门槛。

经验可以解决一定的问题，但如果太相信经验，又往往会犯经验主义的错误，落进经验的陷阱无法自拔。所以创新最活跃的大部分都是经验不多的年轻的员工。因为他们没有太多经验的束缚，反倒更能激活头脑中的创新思维，拥有更多的想象力和创造力，什么都敢想，什么都敢做，因而更能走出一条新的路来。

很早以前，有个人饲养了几只老鼠当宠物，特别喜欢它们。有一天，老鼠突然都从家里逃走了。弄不清怎么回事，他就没命地在后面追。他的朋友也紧跟着。正在这时，地震发生了。还有一次，他外出要上船的时候，老鼠在他的提袋里骚动起来，他立即停住步子，老鼠随即也安静下来。结果出行的船遇上了风暴，沉没在大海里。他像这样托老鼠的福，而幸免于难的事还有好几回。他非常相信他的老鼠宠物预知危险的能力。

忽然有一天，几只老鼠变得非常害怕而且烦躁起来，坐立不安，天哪，这是危险的征兆啊，一定会有大灾难将来临，不管它了，赶快搬家吧。于是这个人匆忙地卖掉了房子，很快搬走了，是的，没有危险了，老鼠也安静了。这人竭力想弄清搬后到底发生了什么灾难。于是，他就给他旧居挂了电话。“喂，喂，我是以前的老住户，想打听一下……”“什么事？忘了什么东西？”“不是，我是想知道在我搬走后，您那有什么变化吗？”“哦，好像没什么。”“绝不会的。请您仔细想一下。”“要说嘛，那就是您走后不久，住在你隔壁的人家也搬了。就这些。”

“是吗？新搬来的是什么人？一定是位可怕的人物吧？”“哪里，是位很和善的人。他很喜欢猫，养了很多猫……”

这位宠爱老鼠的先生就犯了经验主义的错误。这一回，老鼠害怕的不是给他带来灾难，而是老鼠自己的灾难。不可否认，经验是重要，经验可以让我们轻松地面对很多问题，经验可以让我们从容不迫，经验可以让我们避轻就重，解决很多实际的难题。但是经验不是绝对的，完全依靠经验甚至是可笑的，就像那个完全依靠老鼠预测灾难的人一样，没有自己对客观事实的一个观察和判断，一味地依靠经验，必然为经验所困，尝到经验主义的苦果。

在中国古代的一场战争中，甲方因军备不足，导致军心涣散。主帅因此非常着急。这时，有位将领主动立下军令状，以项上人头担保第二天晚上必有大雾，他可以效法诸葛亮来个二次“草船借箭”。

第二天晚上，果然起了大雾，主帅大喜，命几十个士兵各驾一艘装满草人的小船驶向敌方水营，高声呐喊，用力击鼓。敌方军师获报后大惊，请示其将军：“如果让敌军攻到我军水营，后果不堪设想。请将军火速调派弓箭手，务必在敌船靠近之前……”

将军挥手打断了他："别叫弓箭手，去把那些新运到的投石车推过来……"当晚，这位好大喜功、只想照搬诸葛亮经验的将领不仅没有借回一支箭，反倒被打得人仰船翻，狼狈而回。

时代在不断前进，过去有用的知识现在未必适用。昨天他人用这种方法取得了成功，并不代表着今天你还能够靠它独领风骚。许多事情都告诉我们，不突破经验的定式，经验甚至会害死我们。

为了便于与体形庞大的猎物在水中搏斗，鳄鱼的潜水时间最多可达一个小时。它的狩猎范围广泛，大到陆地上的老虎、狮子、斑马、野牛，小到空中的飞鸟、水里的鱼虾。特别是在捕食老虎等大型动物时，鳄鱼会拿出自己的看家本领——一旦咬住猎物，鳄鱼就会在水里不停地翻滚。只要翻上几圈或几十圈，再凶猛的动物也会被折腾得奄奄一息。因此，鳄鱼得了个"天生猎手"的称号。

一次，有四十多年鳄鱼研究经验的美国专家格林特姆惊奇地发现，有一条鳄鱼竟被树藤勒死了。查看现场后他推断出，鳄鱼在捕食一只鸟时，咬到了树藤。鳄鱼以为自己咬到了鸟，撕扯不动时，便使出看家本领，在水中不停地翻滚。长长的树藤随着鳄鱼的翻滚而越缠越紧，鳄鱼终于动弹不得了。此后，格林特姆常用一根穿着鱼钩的绳索捕捉鳄鱼。鱼钩一旦挂到鳄鱼皮上，就很难脱钩，而鳄鱼则以为遇到了难以征服的猎物，不停地翻滚，它的身体很快就被绳索束缚住了。鳄鱼的智商无法令它懂得这些，格林特姆正是利用它的看家本领将它轻易捕获的。

像鳄鱼这样的天生猎手，居然不是败在自己的弱点上，而是败在看家本领上。经验没有带来猎物，却反而要了它的命！这种现象对于我们来说并不新鲜：有 10 年工龄的钳工，被机器轧断了手臂；有 20 年驾驶经验的老司机，出了车祸；游泳好手却淹死在水里……可见一旦形成了固有的定式思维，害处很大。

经验告诉我们的只是过去成功的过程，而不是未来如何成功。你千万不要以为在人生这个广袤的大海里，只能抱着那些曾经的经验，在祖辈开辟的领海中游弋。

与死守老经验的人不同，具有创新思维的人长了一身的“反骨”。别人拿苹果直着切，他偏偏横着切，看看究竟有什么不同；别人说“不听老人言，吃亏在眼前”，他偏不听，偏要自己闯闯看。具有创新思维的人不愿死守传统，不愿盲从他人，凡事喜欢自己动脑筋，喜欢有自己的独立见解。他们思想开放，不拘小节，兴趣广泛，好奇心重，喜欢标新立异，最爱别出心裁。因此，具有创新思维的人脑瓜活、办法多，最能创造出好成绩。

我们都很钟爱老经验，因为经验毕竟是前人智慧的积累，是我们伸手即可取之的做事准则。但是，在当今信息瞬息万变的时代，经验已经不能代表一切，固守老经验不等于永远正确，反倒阻碍了创新思维的发挥。所以，在生活、工作中，我们应该利用好老经验，而不是受它的束缚。

7. 让思维在自由的原野上纵横驰骋

要想让思维冲破牢笼，就要突破一切障碍，挣脱一切束缚，砸碎一切禁锢，让思维在自由自在的原野上尽情奔跑才行。

美国康奈尔大学的威克教授曾做过这样一个实验：他把几只蜜蜂放进一个平放的瓶中，瓶底向光；蜜蜂们向着光亮不断碰壁，最后停在光亮的一面，奄奄一息；然后在瓶子里换上几只苍蝇，不到几分钟，所有的苍蝇都飞出去了。原因是它们多方尝试——向上、向下、向光、背光，碰壁之后立即改变方向，虽然免不了多次碰壁，但最终总会飞向瓶颈，脱然逃出。

威克教授由此总结说：“纵横驰骋总比坐以待毙高明得多。”

思维阔无际崖，上及天穹，下探无极，拥有极大自由；同时，它又最容易被什么东西束缚而困守一隅。所以，要创造，要思考，就要先给思维自由。

在哥白尼之前，“地心说”统治着天文学界；在爱因斯坦发现相对论之前，牛顿的万有引力似乎“完美无缺”。大家的思维因有了一个现成的结论而变得循规蹈矩，不再去八面出击。后来，哥白尼和爱因斯坦“横冲直撞”，前者发现了“地心说”的错误，后者发现了万有引力的局限。

在学习与工作中，我们要学一学苍蝇，让思维放一放野马，在自由的原野上“横冲直撞”一下，也许你会看到意想不到的奇妙景象。

1782年的一个寒夜，蒙格兄弟烧废纸取暖，他俩看见烟将纸灰冲上房顶，突然产生了“能否把人送上天”的联想。于是兄弟俩用麻布和纸做了个奇特的彩色大气球，八个大汉扯住口袋进行加温随后升天，一直飞到数千米高空，令法国国王不停地称奇！从而开辟了人类乘气球上天的先河。

英军记者斯文顿在第一次世界大战中，目睹英法联军惨败于德军坚固的工事和密集的防御火力后，脑中一直盘旋着怎样才能对付坚固的工事和密集的火力这一问题。一天他突发灵感，想起在拖拉机周围装上钢板，配备机枪，发明了既可防弹，又能进攻的坦克，为英军立下奇功。

有时，并不是我们没有创造力，而是我们被已有的知识限制，思维变得凝滞和僵化。而那些思维活跃、善于思考的人往往能做到别人认为不可能做到的事情。

1976年12月的一个寒冷早晨，三菱电机公司的工程师吉野两岁的女儿将报纸上的广告单卷成了一个纸卷，像吹喇叭似地吹起来。然后她说：“爸爸，我觉得有点暖乎乎的啊。”孩子的感觉是喘气时的热能透过纸而被传导到手上。正苦于思索如何解决通风电扇节能问题的吉野先生突然受到了启发：将纸的两面通进空气，使其达到热交换。他以此为原型，用纸制作了模型,用吹风机在一侧面吹冷风,在另一侧面吹进暖风,通过一张纸就能使冷风变成暖风,而暖风却变成了冷风。此冷热交换装置仅仅是将糊窗子用的窗户纸折叠成像折皱保护罩那样一种形状的东西,然后将它安装在通风电扇上。室内的空气通过折皱保护罩的内部而向外排出;室外的空气则通过折皱保护罩的外侧而进入保护罩内。通过中间夹着的一张纸,使内、外两方面的空气相互接触,使其产生热传导的作用。如果室内是被冷气设备冷却了的空气,从室外进来的空气就能加以冷却,比如室内温度26℃,室外温度32℃,待室外空气降到27.5℃之后,再使其进入室内。如果室内是暖气,就将室外空气加热后再进入室内,比如室外0℃,室内20℃,则室外寒风加热到15℃以后再入室。这样,就可节约冷、热气设备的能源。

三菱电机公司把这一装置称作“无损耗”的商品,并在市场出售。使用此装置,每当换气之际,其损失的能源可回收2/3。

有时,我们会被难以解决的问题所困扰,这时,需要我们为思路打开一个出口,开辟一片自由的思想原野,让思维在这片原野上“横冲直撞”,打破束缚,让思绪自由飞翔,好的创意、精妙的灵感就会来到。

许多成功开始都常常是一种简单的想法罢了,问题是,成功者能够想得到,而大多数人却不能想到。其原因就是他们被太多的东西束缚了,根本没有想到,路还可以这样走,事还可以这样做。

200多年前,法国医生拉哀奈克一直希望制造一种器具,用来检查病人的胸腔是否健康。有一天,他陪女儿到公园玩跷跷板,偶然发现,用手在跷跷板的一端轻敲,在另一端贴耳倾听,竟清楚地听见敲击声。这位医生得到启发,回家用木料做成一个状似喇叭的听筒,把大的一头贴在病人胸部,小的一头塞在自己耳朵里,居然清晰地听见病人胸腔发出的声音。

这便是世界上第一个听诊器,它的发明便是这位医生善于对一些细微的事物进行认真思考的结果。

年仅15岁的格林伍德第一次学溜冰，溜起冰来，速度很快，蛮刺激。但是，他觉得耳朵被寒风刮得像刀割似的，冻得十分难受。他跑回家去找了顶“两片瓦”式的皮帽戴上，继续溜冰，耳朵不再被风刮得痛了。但是，由于头和脸捂得紧紧的，不一会儿，就热得满头是汗。格林伍德想，如果能做一个专门捂住两边耳朵的套子，溜冰时戴上它，也许要好得多。

经过一番琢磨，他设计出一副耳套，回家请妈妈照他设计的样子做出了一副棉织耳罩。格林伍德带上它去溜冰，果然既护耳朵，又散热。朋友见了，也向格林伍德要，格林伍德和母亲及祖母一起来做。经过反复修改，耳罩做得更实用，也更好看。他向专利局申请了名为“绿林好汉式耳套”的专利。这项专利使格林伍德成为百万富翁，并成为世界上的耳套大王。

有些创意说白了相当简单，任何人只要稍动一下脑筋都可以想得出来。比如方便内裤、可口可乐腰式瓶、水龙头自动关水器等。它看起来非常容易，轻而易举，关键是要把束缚思维的那些障碍除去，让思维能在自由的原野上自由飞翔，才能得到最好的创意，让你的工作精彩不断。

第四章　苦干巧干，方法为王：把想法变成方法

工作需要实干和苦干，但更需要的是能干和巧干。能干需要的是工作的能力，而巧干需要的是工作方法，省时、省力、省心、省料、效率高收益好的方法，就是巧干的方法。带着思想去工作，就是要多想多思考，把想法变成方法，以最好最巧的方法解决工作中的问题，取得最好的效益。

1. 方法为王，苦干实干更要巧干

带着思想去工作，就是要有想法、有智慧，用自己的智慧提高工作业绩，以巧干代替蛮干，以聪明代替拼命，获得高绩效。这才是真正把思想融入了工作。

有这样一句俄罗斯谚语："巧干能捕雄狮，蛮干难捉蟋蟀。"这句话道出了一个普遍的真理，即做事要讲究方法，巧干胜于蛮干。

要巧干，就要讲方法，而方法，是由想法而来的。不思考、不去动脑筋的人是不可能有什么想法的，也就根本不可能有什么方法了。想法和方法之间，想法比方法更重要。为什么这么说呢，这是因为没有了想法的人，根本就没有方法可言，只有有了想法，才可谈方法。也可以说，想法其实就是目标，而方法只是达到目标的手段。可怕的不是没有方法，而是怕没有想法。有了想法，才会去为了实现想法而去找方法。

比如说上山，肯定是先有了上山的想法，才会去找上山的方法，而不太可能是因为有了上山的方法才产生上山的想法。所以一定要有想法，才可能找到方法，而且有了想法的人，只要用心去思考，积极想办法，就会有方法。把想法变成方法，巧干才能变成现实。

埋头做好领导交办的事情本是无可厚非的，不过要想迅速攀到职业"顶峰"，这是远远不够的。许多人为了在领导面前表现自己，常常加班加点工作。这些人错误地认为唯有这样才能得到上司的赏识。其实工作效率与工作业绩才是最重要的，不能盲目地为忙而忙，也不能为做表面文章而假忙，结果却没有任何成绩。

这样的人只会埋头在苦干，却根本没有想过为什么苦干，没有想过要改进这种苦干的方法，把苦干换成巧干，提高效率。这种没有想法的员工，是不会受到企业欢迎的。

惠普前执行官高建华曾深有感触地说："惠普这样的跨国公司不提倡

员工们整天努力拼命地工作，而是提倡员工们聪明地工作，希望员工们能在工作中开动脑筋，想出更好的办法去解决问题、完成工作，从而提高工作质量和效率。”

江勇毕业于一所普通高校，刚进入投资公司时，他看起来才智平平，没有什么特别之处，不过了解他的人都知道，每次进入到一个新的单位时，他的发展总比其他员工顺利一些。江勇自己也清楚，有时候，勇气和耐心会比埋头苦干更有效。从参加第一天的员工会议开始，他就勇于发言，给领导留下了初步印象。当其他新员工埋头苦干、还分不清单位里谁是谁的时候，江勇已经掌握了老员工的大致情况。

进入公司不到一年，他就成了办公室的副主任。

可见工作需要苦干实干，但更需要巧干奇干聪明地干。

工作中，没有一成不变的工作任务。处置不同的情况，需要我们因时因地制宜，做出不同的决策。做事时，需要一种求实的态度和科学的精神，在任何情况下都要按科学规律办事，自觉用理智战胜冲动，用巧干代替蛮干，这才是职场成功的捷径。不能深刻理解这一点，将事倍功半；而理解透彻了这一点，必然事半功倍。对于一名杰出员工来说，这一点尤其重要。

在美国，年轻的铁路邮务生佛尔曾经和千百个邮务生一样，用陈旧的方法分发信件，而这样做的结果，往往使许多信件被耽误几天甚至几周。佛尔并不满意这种现状，而是想尽办法去改变。很快，他发明了一种把信件集合寄递的办法，极大地提高了信件的投递速度。佛尔因此获得了升迁。五年后，他成了邮务局帮办，后来当上了总办，最后升任为美国电话电报公司的总经理。

是的，当谁都认为工作只需要按部就班地做下去的时候，偏偏有一些优秀的人，会找到更有效的方法，将效率更快地提高，将问题解决得更好！

正因为他们有这种找方法的意识和能力，所以他们以最快的速度获得了认可！

巧干是一种分析判断、解决问题和发明创造的能力，是敏锐机智、灵活精明的反映，也是充满活力、随机应变的智慧。知识经济时代就是巧干升值的时代。

巧干是什么？简单地说就是花最少的力气做最多的事。善于巧干的人总是愿意花更多的时间来想出最有效最省力又最省钱的方法。这就是巧干。很多发明都是因为发明者忍受不了日复一日、年复一年的辛苦劳作，总认为会有更轻松、更快捷、更便宜、更简单和更安全的法子，总能找到减轻工作负担的更好方法而创造出来的。

民间谚语中有所谓“卤水点豆腐，一物降一物”的说法，意思也就是不管干什么，方法最重要。豆腐只能用卤水去点，用盐水可就不行了。《射雕英雄传》里面有一个情节：黄蓉被一个巨大的海蚌夹住了脚，费了老大的劲也掰不开，结果抓了一把细沙放到蚌壳里面，蚌就自己打开了，因为蚌最怕的就是细沙。

可见，巧干是抓住了事情的关键，并找到了有针对性方法的结果。巧干既可以减少劳动量，又可以达到事半功倍的效果。

有的员工会发现，自己付出的辛勤汗水并不比别人少，但成绩却总没别人好，究其原因，主要是方法技巧问题。只会苦干不会巧干，是不可能取得优异成绩的。

一个身体强壮的年轻人到伐木厂去应聘伐木工，老板看他身体壮实挺适合干这个，就让他留下来了。第二天这个人很早就起床，一天下来伐了 20 棵树。老板夸奖他：“你真行，你是我们这里一天伐木最多的人。”

第三天这个工人起得更早，但是一天下来伐了 17 棵树，不过老板说：“17 棵你也是最多的了。”第四天这个工人起得更早，结果到最后只伐了 15 棵树，老板说：“15 棵你也是最多的。”

这个工人开始疑惑了：为什么我每天伐树的数量逐渐下降呢？老板就问："你的斧头磨了吗？"这个工人才恍然大悟，原来是因为斧子钝了的缘故。

磨刀不误砍柴工。民间的俗语中蕴含着最深的哲理。

不要以为巧干就是投机，就是取巧，巧干只是聪明地干，提高效率地干，所以，千万不要把投机取巧当成是巧干。

投机取巧是最愚蠢的一种工作方式。在工作中，投机取巧也许能让你获得一时的便利，但却在心灵中埋下隐患，从长远来看，是有百害而无一利的。

乔治是某集团公司的员工，自从到公司后一直都非常努力，并取得了突出的成绩。老板非常赏识他，他成了老板的"红人"。不久，乔治就被提拔为销售部经理，工资一下子翻了两倍，还有了自己的专用汽车。

刚当上经理的时候，乔治还是像做经理之前一样努力，每一件事情都做得非常用心，而且力求尽善尽美。

"你怎么这么傻啊？"不断有人这样对他说，"你现在已经是经理了，再说老板并不会检查你所做的每一件事情，你做得再好，他也不知道啊。"

在多次听到别人说他"傻"的话后，乔治变得"聪明"了。他学会了投机取巧，学会了察言观色和想方设法迎合老板。他不再把心思放在工作上，而放在揣摩老板的意图上。如果他认为某件事情老板要过问，他就会用心将它做好；如果他认为某件事情老板不会多管，他就草草地去做，甚至根本就不做。

终于，老板发现了乔治根本没把心思放在工作上，觉得自己被假象蒙蔽了。一怒之下，老板把乔治解雇了。

诚然，老板不可能看到每一位员工的每一份成绩。但是，如果你养成了用心工作的习惯，把每一件事都做好，就可以保证老板所看到的都是完美的。到时,老板自然会把你该得到的职位和报酬给你。但遗憾的是,乔治没有做到这一点。

巧干不是投机取巧,巧干就是用最省力最省钱也最省时间的巧妙方法来工作,以使工作达到最大效率。

比如创业时更需要巧干。**钱是死的资金,而智慧是活的金矿。**在遇到困难,感觉走投无路的时候,往往一个奇思妙想,就能妙手回春;一个方法行不通,换一种方法,换一条思路,问题可能就迎刃而解。成功就要运用智慧,巧干而不是蛮干。

巧干是充分地运用智慧,巧用资源、巧用方法、巧妙运作的实干,在巧干中贯穿着踏实的作风,在实干中闪烁着智慧的光芒。

爱迪生是举世闻名的发明家,他有一位助手叫阿普顿,是普林斯顿大学的高材生。一天,爱迪生正忙着一项研究,需要一组数据,就请阿普顿来协助,帮他计算一只梨形玻璃灯泡的容积。阿普顿拿起尺子仔细测量,照灯泡的样子画了图形,运用了一大堆计算公式,认真地演算。两个小时过去,累得昏头昏脑,结果依然没有求出来。爱迪生看了写满算式和数字的稿纸,笑着说:换个方法试试看。阿普顿嘀咕道:还有什么好方法?这里已列出了所有的方法了。爱迪生拿起一杯水,将梨形玻璃泡缓缓注满,递给阿普顿说:你去把这里的水再倒进量杯,量出水的体积,也就得出玻璃灯泡的容积了。

一道难倒大学高材生的题目,换个角度去思考,就简单得连幼儿园的小孩也能轻松完成!这就是巧干,这就是智慧。遇到困难的时候,多试几种方法,多换几个角度,解决的办法可能简单得令人发笑。在科学研究中如此,在创业中更是如此。

在中国南方的某个大城市里,一家海洋馆开张了,50元一张的门票,令一些人望而却步。海洋馆开馆一年,几乎门可罗雀,最后投资商不得不低价转让出去。新主人入主海洋馆后,在电视和报纸上打广告,征求能够使海洋馆起死回生的金点子。一个女教师来到海洋馆,给经理出了一个点子,果然,海洋馆的生意很快好起来。1个月后,到海洋馆参观的人天天爆满,其中,有1/3是儿童,其他则是带着孩子的父母。3个月后,亏本的海洋馆开始盈利。是什么点子有这般奇效?女教师出的点子其实很简单:儿童参观一律免费。

一个很不起眼的小点子,就能出奇制胜,使生意起死回生,这就是智慧的力量,这就是巧干的妙处。智慧运用得好,一切问题都可以迎刃而解,一切阻力都不再是障碍。

但是巧干绝不是投机取巧、偷工减料。习惯于投机取巧的人与巧干那是完全不同的两个概念,习惯于投机取巧的人,不愿意付出太多的努力;他们希望到达事业的巅峰,却不愿意艰难地攀登;他们渴望取得胜利,却不愿意作出牺牲。这当然是不行的。

任何一名员工都必须明白这样一个道理:老板都不傻。投机取巧是不可能得到老板的肯定的。

至于公司里有其他员工在工作时投机取巧,其实和你没有任何关系。公司作为盈利性的组织是不可能养闲人的。只有当你做好自己的事情,在努力工作的基础上,用实干加巧干为公司作出了贡献,才能得到老板的认可和赏识。

2. 讲究效率,忙要忙在点子上

有一些人,整天很忙碌,忙得两脚不沾地,甚至喝口水都没有时间,但却总是没有看见什么业绩,这就是典型的没有忙在点子上。不忙在点子上,怎么忙也不过是空忙、白忙、瞎忙。

一家公司准备和外地来的一家大型企业采购部经理谈一笔业务,因为这笔业务对公司来说非常重要,但同时公司领导也了解到这位采购经理脾气非常坏，和他打交道，很少有不碰钉子的。于是公司特意派出了一位经验丰富的业务员。

业务员接到任务后，不敢耽误，立即匆匆赶到采购经理下榻的宾馆。

因为知道和这位经理谈判的难度会很大，于是他想：这位经理会在当地停留一个星期，如果今天说服不了他，我就明天再来，明天说服不了他，后天再来。天天都来，他总会被我的诚意打动。

然而，当他赶到宾馆时，却被告知经理出去办事了。

于是第二天一大早他又去了，经理正在吃早餐，还没等他开口，就被经理直接拒绝了。

他不甘心，于是第三天，他选择中午去找那位经理。谁知经理有午睡的习惯，被吵醒后非常愤怒，哪里还有心情听他说什么啊！臭骂一通之后，又将他轰了出去。

这回他没有走，在宾馆大堂等了一下午，直到深夜，也没见着经理。

看起来是毫无希望了，他只好将情况如实向公司领导做了汇报。

领导一听，这样下去的确不行，于是临时决定派刚进公司的小王去试试。不管成不成，就当给他一个锻炼的机会。

接到任务后，小王没有急着去找那位经理，而是好好准备了一番。

他通过种种渠道，详细了解了采购经理的处事风格、兴趣爱好以及这几日的行程安排。最后他还设计了几句简单却有分量的开场白。

准备好这些，第二天一大早，小王就到了宾馆的早餐厅等候，等那位经理用完餐了，小王就跟着他一起走了出去，并在电梯里和他聊起了天，说的正是那位经理最感兴趣的话题。

结果可想而知，在博得了那位经理好感的前提下，小王借机表明了自己的身份，而后面的合作也顺利地谈成了。

一个是老业务员，一个是才出道的新人，但为什么办事的结果却有如此大的区别？

老业务员很努力，苦劳的事没少做，但因为方法不到位，忙来忙去，一点结果都没有，还差点丢掉了一个大的合作机会。而新业务员运用了智慧，最终省时省力地达到了预期目标。

忙，一定要忙得有方法，忙得有结果、有效益！这也是一个智慧型员工必须具备的素质。穷忙、瞎忙的人是没有什么用的，甚至是一种罪恶，因为这种表面的忙既耗费了单位的资源、产生不了任何效益，也耗费了自己的资源、却没有得到自我成长，同时也丧失很多机会。本来可以做好的事情，因为只知道蛮干、苦干，结果弄得一团糟，白白浪费了本来可以把握的机会。

20 年前，我们在职场中提倡的是“老黄牛”精神。但在今天，光有“只顾低头拉车，不顾抬头看路”的精神已经不够了，“老黄牛”还需要插上智慧的翅膀。

无论做什么工作，哪怕是最普通、看起来最没有“技术含量”的工作，只要加入智慧，就能够做到与众不同。

在很多杂志上，都曾经刊登或转载过一篇刘润写的《一个出租车司机的 MBA 理论》的文章。

刘润有一天要从上海的徐家汇赶去机场，于是打了一辆大众出租车。在车上，司机对于如何运用自己的智慧赚最多的钱，给他上了一堂生动的 MBA 课。

我们来看几段这位出租车司机的精彩话语：

“我做过数据分析，每次载客之间的空驶时间平均为 7 分钟。如果上来一个起步价 10 元，大概要开 10 分钟。也就是每一个10元的客人要花17分钟的成本,就是9.8元。不赚钱啊!如果说载浦东、杭州、青浦的客人是吃饭,10元的客人连吃菜都算不上,只能算是撒了些味精。"

这哪里是一位出租车司机,分明是一位精明的成本核算师。

有了成本核算后,接下来该怎么办?

"千万不能被客户拉了满街跑。而是通过选择停车的地点、时间和客户,主动地决定你要去的地方。"

那么这位司机又是如何做到主动决定自己要去的地方的?

"那天在人民广场,三个人在前面招手。一个年轻女子,拿着小包,刚买完东西。还有一对青年男女,一看就是逛街的。第三个是里面穿绒衬衫的,外面羽绒服的男子,拿着笔记本包。我看一个人只要3秒钟。我毫不犹豫地停在这个男子面前。这个男的上车后说:延安高架、南北高架……还没说后面就忍不住问,为什么你毫不犹豫地开到我面前?前面还有两个人,他们要是想上车,也不好意思和他们抢。我回答说,中午的时候,还有十几分钟就1点了。那个女孩子是中午溜出来买东西的,估计公司很近;那对男女是游客,没拿什么东西,不会去很远;你是出去办事的,拿着笔记本包,一看就是公务。而且这个时候出去,估计应该不会近。那个男的就说,你说对了,去宝山。"

那么他这样做,最终的效果又如何?

"在大众公司,一般一个司机一个月能拿三四千块回家。做得好的大概5000块左右。顶级的司机大概每月能有7000块。全大众2万个司机,大概只有两三个司机,万里挑一,每月能拿到8000块以上。我就是这两三个人中间的一个,而且很稳定,基本不会有大的波动。"

从这位出租车司机的故事中,或许我们就能够感受到,为什么"老黄牛"也需要插上智慧的翅膀。

要想将自己从“穷忙、瞎忙”的状态中摆脱出来，非常重要的一点就是：明确你的目标。只有首先明确目标，接下来才会有实现这个目标的清晰思路，这步该做什么、下一步又该做什么，才会有条不紊，不至于做到最后徒劳无功。

哈佛大学曾经做过一个著名的实验：他们对条件相似的一些青年人进行了关于人生目标的调查，结果发现：3%的人有十分清晰的长远目标；10%的人有清晰但比较短期的目标；60%的人只有一些模糊的目标；27%的人根本没有目标。

25 年后，那些 3%的人全都成了社会各界的精英、行业领袖；那些 10%的人都是各专业各领域的成功人士，事业有成；那些 60%的人大部分生活在社会中下层，事业平平；那 27%的人过得很不如意，工作不稳定。

由此可见目标对于成功的重要性。不管我们有什么样的目标，但目标必须明确。那些东一榔头、西一棒子的做法，虽然从表面上看，你似乎很努力，但最终的结果还是做了很多无用功。

有时候，尽管你的方向对了、目标也很明确，但发现忙来忙去，还是没有任何结果。这时候，不妨想一想，是不是策略不对，还有没有需要完善的地方！

有家国外的摩托车公司，想了各种促销办法，耗费了大量的资金和人力，但销量仍然丝毫没有提升。看上去，他们的销售手法似乎并没有什么问题。产品的主要消费者是年轻人，且他们生产的摩托车无论从质量还是性能上，都相当不错。按理说，销售不应该这么糟糕。

那么问题到底出在哪里？

其中有一个销售员，为了改变这种状况，做了大量的市场调查。结果他发现，很多年轻的消费者都透露了这样一种想法：自己最想要的还是汽车，现在骑摩托车，不过是经济条件有限而不得不暂时做出的选择。

了解了这一点，他不由得想：过去公司为了提高销量，把着重点放在了提高摩托车的质量上。但这样一来，消费者看到他们生产的摩托车越来越耐用，很可能就会产生一种抵触心理：用这样的摩托车，何时才能换成一辆汽车啊！

针对消费者的购买心理，他向公司建议：与其投大量的资金用于摩托车质量的提升和对此进行宣传上，不如改变一下策略，将重点放在让自己的摩托车能够给大家带来汽车的联想上。

公司采纳了他的建议，在生产的摩托车上装上了类似于汽车悬挂的大号码牌照和汽车使用的汽笛。

结果，这种新型的摩托车一上市，立刻受到了广大年轻人的青睐，销量节节攀升。

由于这位员工摸清了年轻人的心态，了解到并不是消费者不买，而是他们不希望与自己买汽车的心理相冲突，由此最终找到了突破点，制定出了更完善的销售策略。别看这一小小的改变，所起到的作用是相当大的。

所以，忙，一定要忙到点子上，不能没有方向、没有目标也没有任何策略地瞎忙；要智慧地忙，要聪明地忙，更要有效率地忙；少花力气，多办事，才是一个智慧型员工的选择。

3. 要事第一，分清事情的轻重缓急

古人云："事有先后，用有缓急。"办公做事也是如此，分清事情的轻重缓急，不但做起事来井井有条，完成后的效果也是不同凡响。次序处理好了，不但能够节约办公时间、提高办公效率，最重要的是能给自己减少许多麻烦。

工作中常会遇到千头万绪、问题繁多的情况，这时就需要我们把问题的轻重缓急分清，然后找到其中最迫切需要解决的问题，并集中力量解

决它。

在一次上时间管理课时，教授在桌子上放了一个能装水的罐子。然后又从桌子下面拿出一些正好可以从罐口放进罐子里的鹅卵石。当教授把石块放完后问他的学生：“你们说这罐子是不是满的？”“是！”所有的学生异口同声地回答。“真的吗？”教授笑着问。然后又从桌底下拿出一袋碎石子，把碎石子从罐口倒下去，摇一摇又加了一些，直至装不进了为止。他再问学生：“你们说，这罐子现在是不是满的？”这次他的学生不敢回答得太快。最后班上有位学生小声回答道：“也许没满。”“很好！”教授说完后，又从桌下拿出一袋沙子，慢慢地倒进罐子里。倒完后再问班上的学生：“现在你们再告诉我，这个罐子是满的呢？还是没满？”“没有满。”全班同学这下学乖了，大家很有信心地回答。“好极了！”教授再一次称赞这些“孺子可教”的学生们。称赞完后，教授从桌底下拿出一大瓶水，把水倒在看起来已经被鹅卵石、小碎石、沙子填满了的罐子中。当这些事都做完之后，教授正色问他班上的同学：“我们从上面这些事情中得到了哪些重要的启示？”

班上一阵沉默，一位自以为聪明的学生回答说：“无论我们的工作多忙、行程排得多满，如果要挤一下还是可以多做些事的。”

教授听到这样的回答点了点头，微笑着说：“答得不错，但并不是我要告诉你们的重要信息。”说到这里教授故意停住，用眼睛扫了全班同学一遍后说：“我想告诉各位的最重要的信息是，如果你不先将大的‘鹅卵石’放进罐子里去，也许你以后永远都没有机会再把它们放进去了。”

许多人面临一大堆的事情，分不清轻重缓急，一阵子不亦乐乎的繁忙之后，才发现最该办的事情没有来得及办，进而影响到了其他事务的进展，导致自己所做的工作没有达到预期效果。这是在生活与工作中经常能够见到的现象，它的确该引起我们的深思。

如果你把最重要的任务安排在一天里你干事最有效率的时间去做，你就能花较少的力气，做完较多的工作。何时做事最有效率？各人不尽相同，需要自己摸索。

当你面前摆着一堆问题时，应问问自己，哪一些真正重要，把它们作为最优先处理的问题。如果你听任自己让紧急的事情左右，你的生活中就会充满危机。

根据你的人生目标，你就可以把所要做的事情制订一个顺序，有助你实现目标的。你就把它放在前面，依次为之。把所有的事情都排一个顺序，并把它记在一张纸上，就成了进度表，养成这样一个良好习惯，会使你每做一件事，就向你的目标靠近一步。人的时间和精力是有限的，不制订一个进度表，你会对突然涌来的大量事务手足无措。

一天，一位公司的老板去拜访卡耐基，看到卡耐基干净整洁的办公桌感到很惊讶。他问卡耐基说："卡耐基先生，你没处理的信件放在哪儿呢？"

卡耐基说："我所有的信件都处理完了。"

"那你今天没干的事情又推给谁了呢？"老板紧追着问。

"我所有的事情都处理完了。"卡耐基微笑着回答。看到这位公司老板困惑的神态，卡耐基解释说："原因很简单，我知道我所需要处理的事情很多，但我的精力有限，一次只能处理一件事情，于是我就按照所要处理的事情的重要性，列一个顺序表，然后就一件一件地处理。结果，都办完了。"说到这儿，卡耐基双手一摊，耸了耸肩膀。

"噢，我明白了，谢谢你，卡耐基先生。"几周以后，这位公司老板请卡耐基参观其宽敞的办公室，对卡耐基说："卡耐基先生，感谢你教给了我处理事务的方法。过去，在我这宽大的办公室里，我要处理的文件、信件等，都是堆得和小山一样，一张桌子不够，就用三张桌子。自从用了你说的法子以后，情况好多了，瞧，再也没有没处理完的事情了。”

在生活中，重要而且紧急的工作是指事情的重要性高，而且需要立即行动。此类事情带给人们较大的压力。比如老板紧急交办的工作、重要客户来访、家人临时生病住院、不擅长的必修科目隔天要期末考试等。重要但不紧急的事情对个人而言是很有意义的，可能是许久的盼望或长远的目标。通常这类事情挑战性高，困难度也高。最常见的如参加次年的重要考试、年底的婚礼、下星期应聘工作面试等。紧急但不重要的事情本身重要性不高，但因为时间的压力，需要赶快采取行动，例如接电话、给孩子换尿布、煮饭、处理邮件等。不紧急而且不重要的事情，本身没有迫切完成的压力，而且重要性不高，例如打电话和老同学闲聊、唱卡拉 OK、逛街、看电视、写问候信等。

那我们应该先做紧急的事还是先做重要的事呢？答案当然是重要的事。先做重要的事才能保证我们的高效率。

伯利恒钢铁公司总裁查理斯·舒瓦普曾会见效率专家艾维·利。会见时，艾维·利说自己的公司能帮助舒瓦普把他的钢铁公司管理得更好。舒瓦普说他自己懂得如何管理，但事实上公司不尽如人意。可是他说自己需要的不是更多的知识，而是更多的行动。他说：“应该做什么，我们自己是清楚的。如果你能告诉我们如何更好地执行计划，我听你的，在合理范围内价钱由你定。”

艾维·利说可以在10分钟内给舒瓦普一样东西，这东西能使他公司的业绩提高至少50%。然后他递给舒瓦普一张空白纸，说：“在这张纸上写下你明天要做的最重要的六件事。”过了一会儿又说：“现在用数字标明每件事情对于你和你的公司的重要性次序。”这花了大约5分钟。艾维·利接着说：“现在把这张纸放进口袋。明天早上第一件事情就是把这张纸条拿出来，做第一项。不要看其他的，只看第一项。着手办第一件事，直至完成为止。然后用同样方法对待第二件事、第三件事……直到你下班为止。如果你只做完第一件事情，那不要紧。你总是做着最重要的事情。”

艾维·利又说：“每一天都要这样做。你对这种方法的价值深信不疑之后，叫你公司的人也这样干。这个实验你爱做多久就做多久，然后给我寄支票来，你认为值多少就给我多少。”

整个会见历时不到半个钟头。几个星期之后，舒瓦普给艾维·利寄去一张2.5万美元的支票，还有一封信。信上说从钱的观点看，那是他一生中最有价值的一课。后来有人说，5年之后，这个当年不为人知的小钢铁厂一跃成为世界上最大的独立钢铁厂，而其中，艾维·利提出的方法功不可没。这个方法为舒瓦普赚得1亿美元。

但是，我们常常遇到的情况却是：重要的事总是不断地被紧急的事打断，导致我们把最重的事都耽误了。所以，我们要先分清事情的轻重缓急，然后再去做事。

我们可以把所有的事情，按照轻重缓急的程度，可以分为以下四个层次：重要且紧迫的事；重要但不紧迫的事；紧迫但不重要的事；不紧迫也不重要的事。

1. 重要且紧迫的事情

这类事情是你最重要的事情，而且是当务之急，有的是实现你的事业和目标的关键环节，有的则和你的生活息息相关，它们比其他任何一件事情都值得优先去做。只有它们都得到合理高效的解决，你才有可能顺利地进行别的工作。

2. 重要但不紧迫的事情

这种事情要求我们具有更多的主动性、积极性和自觉性。从一个人对这种事情处理的好坏，可以看出这个人对事业目标和进程的判断能力。因为我们生活中大多数真正重要的事情都不一定是紧急的。比如读几本有用的书、休闲娱乐、培养感情、节制饮食、锻炼身体。这些事情重要吗？当然，它们会影响我们的健康、事业还有家庭关系。但是它们急迫吗？不。所以很多时候这些事情我们都可以拖延下去，并且似乎可以一直拖延下去，直到我们后悔当初为什么没有重视，没有早点来着手重视解决它们。

3. 紧迫但不重要的事情

有这样的事情吗？当然，而且随时随地会出现。本来你已经洗漱停当准备休息，好养足精神明天去图书馆看书时，忽然电话响起，你的朋友邀请你现在去泡吧聊天。你就是没有足够的勇气回绝他们，你不想让你的朋友们失望。然后，你去了，次日清晨回家后，你头晕脑涨，一个白天都昏昏沉沉的。你被别人的事情牵着走了，而你认为重要的事情却没有做，这或许会造成你很长时间都比较被动。

4. 既不紧迫又不重要的事情

很多这样的事情会在我们的生活中出现，它们或许有一点价值，但如果我们毫无节制地沉溺于此，我们就是在浪费大量宝贵的时间。比如，我们吃完饭就坐下看电视，却常常不知道想看什么和后面要播什么。只是被动地接受电视发出的信息。往往在看完电视后觉得不如去读几本书，甚至不如去跑跑健身车，那么刚才我们所做的就是浪费时间。其实你要注意的话，很多时候我们花在电视上的时间都是被浪费掉了。

你的时间都花费在哪里了呢？是1吗？要是那样，可以想象你每天的忙乱程度，这么做会耗费你巨大的精力，而一个又一个问题会像大浪一样向你冲来。要是经常这样，你早晚有一天会被击倒、压垮、焦头烂额、狼狈不堪。

要是3的话，你的工作效率就可想而知了。不要以为这些是紧急的事就认为它们也很重要，实际情况是，这些事情的紧迫性常常是由别人的轻重缓急来决定的,你始终在被别人牵着鼻子走路。

要是4呢?很遗憾,如果长此以往,你将一事无成。你既没有工作效率,也没有丝毫的工作效能可言。它除了浪费了你很多时间以外,还证明你是一个控制不住自己情绪的人。

只有在层次2,它才是卓有成效的个人管理的核心。尽管这些事不紧急,但它却决定了我们的生活质量、受教育程度、品味培养、工作业绩等等。只有养成“做要事不做急事”的良好个人习惯,你工作起来才会驾轻就熟。你会提前做工作计划,按时复习功课,经常锻炼身体,保持良好状态,并且避免了临阵磨枪的紧张和尴尬。这也就是我们所提倡的。

著名管理大师彼得·德鲁克通过大量研究发现,那些在工作中忙碌却效率低下的人士(很不幸,这样的人比比皆是),他们把自己90%的时间花在了1上,以应付那些看来永无穷尽的紧急事,又几乎把剩下的10%的时间用在了层次4。他们的行为与那些高效能人士恰恰相反,这样的人基本上过着一种不负责任的生活。

所以,我们要学会“要事第一”的法则,遵守“要事第一”的原则,把重要的事放在最前面。该速战速决的一定要快刀斩乱麻,赶快办妥;应该拒绝的,绝不能迟疑,快点回绝。

例如,老板交代一项任务,你没有能力,你不要因为不好意思拒绝,或者怀着“拖一拖,就会拖黄了”的心理承担下来了,那么你就犯了一个大错,最后不仅会受到责罚,而且还会使失去老板对你最起码的信任。

应该拖一拖的事情,绝不可冒进。例如,对于一些老板没要求立刻办完的事情,你可以不必急于求成。要知道马不停蹄的时候,错过了多少美景呀?而且,老板没要求你快办,一定有其原因,你如果火烧屁股一样干完,往往不会合老板的心意。反之,如果你不慌不忙,等到开会的前一天再把稿子交出来,老板会觉得你是认真的,这篇稿子肯定是高质量的;到那时老板也很少有时间给你的稿子挑毛病了。因此,他只好顺水推舟地表扬你一番："你非常用功嘛！"

凡事都有轻重缓急，工作时要遵守"要事第一"的原则，重要性最高的事情应该优先处理，不应将其和重要性最低的事情混为一谈。对于那些零零散散的事务，我们可以先把它们按照"急重轻缓"的顺序，整理好再着手处理。

总之，做任何事情，效率永远是第一位的，而要提高做事的效率，分清事情的轻重缓急，把头等大事放在首位永远是一条黄金法则，也是我们在人生中取得佳绩的必要保障。

该急办的立刻办，能缓的事情不要急，把头等大事摆在第一位，这才是高效工作的方法。

4. 专心致志，一次做好一件事

专心致志就是认真专注，就是一心一意、执著坚持，就是把所有的精力都集中于一点、不为任何事情干扰、不达目标不罢休的行为。

专注是优秀员工的优秀品质，是平庸和卓越的分水岭。没有专注，就不可能有成功。因为一个人如果不能专注于自己的工作，三心二意，三天打鱼两天晒网，东张西望，左顾右盼，怎么可能取得成就？

世界上，最紧张的地方可能要数只有10平方米的纽约中央车站问询处。每一天，那里都是人潮汹涌，匆匆的旅客都争着询问自己的问题，都希望能够立即得到答案。对于问询处的服务人员来说，工作的紧张与压力可想而知。可柜台后面的那位服务人员看起来一点也不紧张。他身材瘦小，戴着眼镜，一副文弱的样子，显得那么轻松自如、镇定自若。

在他面前的旅客，是一个矮胖的妇人，头上扎着一条丝巾，已被汗水湿透，充满了焦虑与不安。问询处的先生倾斜着上半身，以便能倾听她的声音。"是的，你要问什么？"他把头抬高，集中精神，透过他的厚镜片看着这位妇人，“你要去哪里？”

这时，有位穿着入时，一手提着皮箱，头上戴着昂贵帽子的男子，试图插话进来。但是，这位服务人员却旁若无人，只是继续和这位妇人说话：“你要去哪里？”“春田。”

“是俄亥俄州的春田吗？”“不，是马萨诸塞州的春田。”

他根本不需要行车时刻表，就说：“那班车是在10分钟之内，在第15号月台出车。你不用跑，时间还多得很。”

“你是说15号月台吗？”“是的，太太。”

女人转身离开，这位先生立即将注意力转移到下一位客人———戴着帽子的那位身上。但是，没多久，那位太太又回头来问一次月台号码。“你刚才说是15号月台？”这一次，这位服务人员集中精神在下一位旅客身上，不再管这位头上扎丝巾的太太了。

有人请教那位服务人员：“能否告诉我，你是如何做到并保持冷静的呢？”

那个人这样回答：“我并没有和公众打交道，我只是单纯处理一位旅客。忙完一位，才换下一位，在一整天之中，我一次只服务一位旅客。”

说得多好！“在一整天里，一次只为一位旅客服务。”这话堪称至理。“一次只做一件事”，才可以使我们静下神来，心无旁骛，一心一意，把事情做完做好。

常言说得好：一心不能二用。不能专注于心，只能一无所获。

要做好一件事，最重要的秘诀就是专注。只要专心致志坚持不懈地去认真做一件事，这件事一定会带给你成功的喜悦。很多天资不高的人之所以能够比聪明人的成就更大，只因为他们掌握了认真专注这个秘密武器。再有能力的人如果把精力分散在很多工作中，他致力于每一件工作中的精力就会很少，这样当然很难把工作做好，其结果肯定远远不如那些能力不大但专注于一件工作的人。

有个初中毕业的荷兰农民，无法在大城市找到工作，只好回到小镇，但是小镇也没有适合一个初中生的工作，他只好去镇政府看大门。

看大门的工作实在是太清闲了，实在没有什么事做时，这个青年选择了最费时费工的打磨镜片作为自己的业余爱好，他每天就这样不紧不慢、不慌不忙沉着性子打磨，日复一日，月复一月，年复一年，他这样磨呀磨，不知不觉60多年过去了，除了看大门，60多年以来他只做了一件事——磨镜片。但是正因为他专注于这一件事，他磨镜片的技术也成为全国一流的，而且他还因为磨的镜片实在太好，可以把微小的物体放大好多倍，从而使他发现了从来还没有被人发现过的另一个神奇的世界——微生物世界，他的发现震惊了全世界。

为了表彰他为人类作出的卓越贡献，初中文化的他被授予巴黎科学院的院士，英国女王还专程到小镇会见他。

这不是传说中的故事，而是实实在在的真实人物，这就是科学史上最著名的发现微生物的荷兰科学家万·列文虎克。

一个人的精力是有限的，把精力分散在好几件事情上，不仅不是明智的选择，而且也是不切实际的。然而，专心地做好一件事，就能有所收益，能突破面临的困境。这样做的好处是不至于因为做的事太多，拉的战线太长，反而一件事也做不好，结果两手空空。所以，一个做事有条理的人不会把精力同时集中于几件事上，而只是关注其中之一。也就是说，他们不能因为从事这分外的工作而分散了自己的精力。

每一个人都有自己的岗位，每一个人都有自己的特长，你只有致力于自己的岗位，专注于自己的特长，你才能够把岗位工作做得更好，使自己的特长变得更专业。千万别总是认为自己是一个无所不能的全才，即使别人说你是全才，你也应当好好地掂量一下自己的能力，因为在这个世界上，最了解你的还是你自己，否则的话，到最后可能得不偿失，一败涂地。

一生中有一千多项发明的世界上最伟大的发明家爱迪生是这样说的："成功的第一要素——呃，就是能够将你身体与心智的能量锲而不舍地运用在同一个问题上而不会厌倦的能力……你整天都在做事，不是吗？每个人都是。假如你早上7点起床，晚上11点睡觉，你做事就用了整整16个小时。对大多数人而言，他们肯定是一直在做一些事，唯一的区别是，他们做很多很多事，而我只做一件。"

一次只做一件事，这就是效率的秘诀，这就是巧干的方法。

5. 化繁为简，把问题简单化

如果说简单思维视角是从简单的角度来"看"，那简单思维杠杆就是用简单的方法来"做"。简单的问题用简单的方法来解决是一般人的水平，复杂的问题用简单的方法来解决才最能体现智者的水平。化繁为简，像著名的奥卡姆剃刀一样，砍掉一切多余的细枝末节，把问题简单化。才是真正巧干的方法。

奥卡姆剃刀是由14世纪英格兰圣方济各会修士威廉提出来的一个原理，其含义是：只承认一个个确实存在的东西，凡干扰这一具体存在的空洞的普遍性概念都是无用的累赘和废话，应当一律取消。他使用这个原理证明了许多结论，他的格言"如无必要，勿增实体"也得到了广泛的传播。这一似乎偏激独断的思维方式，后来被人们称为"奥卡姆剃刀"。

奥卡姆剃刀的出发点就是一句话：把烦琐累赘一刀砍掉，让事情保持简单！"奥卡姆剃刀"是最公平的刀，无论科学家还是普通人，谁能有勇气拿起它，谁就是成功的人。这把剃刀出鞘以后，一个又一个科学家，如哥白尼、牛顿、爱因斯坦等，都在"削"去理论或客观事实上的累赘之后，"剃"出了精炼得无法再精炼的科学结论。每一个人都解决过最复杂的问题，但都是首先使用奥卡姆剃刀将复杂的对象剃成最简单的对象，然后再着手解决问题。

经过数百年的岁月，奥卡姆剃刀已被历史磨得越来越快，它早已超越了原来狭窄的领域，具有了更广泛、丰富和深刻的意义。

美国最大的证券网站 etrade. com 曾成功运用了一次这把“剃刀”，它推出了一次惊世骇俗的品牌推广活动：“踢开你的经纪人。”实在的承诺，中肯的直白，一出手便引起了巨大的共鸣，从而大赚一笔。无独有偶，美国网上杂货店 dmgstore. com 为了向消费者传达这样的信息，它可以为顾客献上宝贵的礼物——时间，曾推出一则很有意思的广告：广告中身穿白色制服的“服务小队”成员像圣诞老人一样从壁炉中钻出，或像《谍中谍》中的汤姆·克鲁斯一样从天而降，为顾客及时递送日常用品。此类广告不仅承诺到位，为了突出“时间”的主题，剃掉了一切无用的废话，而且故事精彩，收到了空前好的效果。

同样，通用电气公司的杰克·韦尔奇也是深得威廉的真传。他用一把锐利的剃刀剪去了通用电气身上背负了很久的官僚习气，使通用能够轻装上阵，取得了巨大的成功。

在很多情况下，人们容易把自己置于思维的复杂化之中，实际许多事情并不像我们看上去的那么复杂。尽管这听起来有些不可思议，但就实际而言，如果我们能多一分沉静与轻松，少一分冥思与苦心，把复杂的事用简单的方法去做，就能获得奇妙的效果。

最伟大的真理常常也是最简单的真理。因为任何基本的东西都是简单的，宏伟事业的核心是简单的，人类文明的根基是简单的，人性的本源是简单的，宇宙的出发点是简单的，一切创造的起点也是简单的。

美国《读者文摘》曾经刊载这样一则消息：美国太空总署征求一种供太空人使用的超现代化书写工具，必须能在真空环境中使用，必要时能让笔嘴向上书写，还要几乎永远不要补充墨水或油墨。费用多少，在所不计。消息传出后，全世界的天才都大动脑，设计各种各样的太空专用笔。后来，太空总署收到一个电报，是从德国发来的，上面只有几个字："试过铅笔没有？"

现实生活中，人们往往很容易把问题复杂化，究其原因，最主要的因素正是大脑中常常容易在"神秘"或"深奥"的区域中徘徊。现实中许多事例证明，过于复杂化的模式未必都是好事，而且恰恰是它束缚或阻碍了人的思维进步。

我们经常看到，有人善于把复杂的事物简明化，办事又快又好，效率高；而有的人却把简单的事情复杂化，迷惑于复杂纷繁的现象，使复杂的事物更为复杂，结果只能陷入其中走不出来，工作忙乱被动，办事效率极低。这两种类型的人，其工作效率不同，原因在于会不会运用化繁为简的工作方法和艺术。

巴黎一家现代杂志曾刊登过一个有趣的竞答题目："如果有一天卢浮宫突然起了大火，而当时的条件只允许从宫内众多艺术珍品中抢救出一件，请问：你会选择哪一件？"在数以万计的读者来信中，一位年轻画家的答案被认为是最好的：选择离门最近的那一件。

这个答案令人拍案叫绝，因为卢浮宫内的每一件收藏品都是举世无双的瑰宝，所以与其浪费时间选择，不如抓紧时间抢救一件算一件。

简化工作是提升工作效率的重要方法，可以帮助我们把握工作重点，集中精力做最重要或最紧急的工作。在高强度的工作条件下，我们如果不能理清思路，以复杂问题简单化的思想来开展工作，有针对性地解决重点问题，最初制订的各项目标就难以实现。

曾任苹果电脑公司总裁的约翰·斯卡利说过"**未来属于简单思考的人**"。如何在复杂多变的环境中采取简单有效的手段和措施去解决问题，是每一位企业管理者和员工都必须认真思考的问题。

美国威斯门豪斯电器公司董事长唐纳德·C.伯纳姆在《时间管理》一书中提出自己提高效率的一项重要原则：在做每一件事情时，应该问自己3个“能不能”：

“能不能取消它？”

“能不能把它与别的事情合并起来做？”

“能不能用更简便的方法来取代它？”

在这3个原则的指导下，善于利用时间的人能把复杂的事情简明化，办事效率有很大提高，不至于迷惑于复杂纷繁的现象、处于被动忙乱的局面。无论在工作中，还是在生活中，为了提高效率，必须放弃不必要或者不太重要的部分，并且把重要的事情进行有序化。

简化问题是我们简化工作的重要原则。正确地组织安排自己的活动，意味着要准确地计算和支配时间，只要你尽力坚持按计划利用好自己的时间，进行分析总结，并采取相应的改进措施，你就一定能使工作效率得以大幅度提高。

无论我们做什么事，最简单的方法就是最好的方法。冗繁是效率管理的大敌，要出色、高效地完成自己的工作，我们应当学会把握事物的重点，做到把事情化繁为简。有时候越简单的反而越奇妙，一个简单的想法，一个浅白的理念，往往最有效最出彩。

苏联火箭专家库佐寥夫为解决火箭上天的推力问题而苦恼万分，食不甘味。妻子说：“这有何难呢，像吃面包一样，一个不够再加一个，还不够，继续增加。”他一听，茅塞顿开，采用三节火箭捆绑在一起进行接力的办法，终于成功地解决了火箭上天的推力难题。在这里，成功就是想到了一个简单的数学加法。

成功很简单，用最简单的方法解决问题才是最成功的。可事实往往是：把事情弄复杂很简单，把事情弄简单很复杂。的确，要想把一件复杂的事情搞得简单而有效，确实不是件容易的事情。“世界第一CEO”韦尔奇就曾感叹:今天,要使一个人的工作和生活变得简单非常不容易。但可以肯定的是,把复杂的事简单来做,一定会有很多方法,可总有一个方法最简单、最实用。

简单的思维是一种智慧,简单的思维是一种精明,它反映出灵活和敏捷。将简单的思维贯彻于问题的处理之中,常常能收到许多意想不到的效果,而且一经人们领悟后,会由衷地叹服其绝妙。

一天,四川万县王先生家的卫生间坐便器不慎堵塞。王先生动手捣鼓了一个多小时,不见效果。后来,邻居出主意说,拿几条泥鳅放进去,可能管用。次日一早,王先生将信将疑地从市场买回 3 条 10 厘米长的泥鳅鱼放进坐便器里。20 分钟过后,"哗"的一声,堵塞下水道的脏物一泻而光。

对于拥塞不畅的大脑,有时真需要一条简简单单的"泥鳅"来疏通障碍。的确,思路开放的人永远会有办法解决貌似复杂的问题。

下面便是一个用简单的方法解决大问题的事例。

英国有一个妇女向法庭控告,说她丈夫迷恋足球已达到了无以复加、不能容忍的地步,严重影响了他们的夫妻关系,要求生产足球的厂商赔偿她精神损失费 10 万英镑。本来这一指控毫无道理,万万没想到她在法庭上竟然大获全胜。原来,公关顾问向最初对这一指控置之不理的厂家建议:不妨利用这一离谱的案例大造声势,利用她的指控向人们证明该厂生产的足球的魅力颇大。果然,这一奇特的官司经媒体大肆渲染后,该厂名声大振,产品销量一下子翻了四倍。老板惊喜地对访客说:"想不到我们仅花了 10 万英镑就做了一次绝妙的广告。"

足球厂商顺水推舟,复杂问题简单处置,只花费一点小钱,就赢得了巨大的效益。

许多看似复杂的问题,其实并不复杂。之所以有许多事情显得那么艰难,或许正是缺乏灵活的变通。如能将思维的砝码向灵活中倾斜一些,一定会使你感到简单而又妙不可言。

下面这个故事，也同样表明了简单法则的美妙效果，闪耀着简单思维的灿烂光芒。

> 20世纪60年代初期，有一回，中国某大学一个研究室遇上一件麻烦事：他们需要弄清一台进口机器的内部结构，可是却没有任何的图纸资料可以查阅——这台机器里有一个由100根弯管组成的固定结构，要弄清其中每一根弯管各自的入口与出口，真是一件很难的事！
>
> 研究室负责人当即召集有关人员攻关。他提出，完成这一重要任务，时间既不能拖得很久，花钱又不能太多。他希望大家广开思路，不管是洋措施还是土法子，一定要想出一个简便易行的办法来。
>
> 参与此事的人纷纷开动脑筋，分别提出了自己的奇思妙想，比如：往每一根弯管内灌水、用光照射等。有的人甚至还提出让蚂蚁之类的小昆虫去钻一根一根的弯管。大家提出的办法虽然都是可行的，但都很麻烦费事，要花的时间和付出的代价也不少。
>
> 后来，这所学校的一个老校工提出，只需要两支粉笔和几支香烟就行了。他提出的做法是：点燃香烟，大大吸上一口，然后对着管子往里喷，喷的时候在管子的入口处写上“1”，这时让另一个人站在管子的另一头，见烟从哪一根管子冒出来，便立刻也写上“1”，其他管子也都照此办理。不到两个小时，100根弯管的出入口就都弄清楚了。

我们在做任何事情的时候，千万不要把事情过于复杂化，太多的顾虑会让我们走弯路，事情的结果也会和我们的希望不一致。做自己力所能及的事情，是简单有效的选择。在工作中，订立切实可行的计划，认真做好身边的每件事情，你的方法就是最巧的，你的工作就是有效率的。

记住苏格拉底的话：**“任何问题最可能的解决办法是步骤最少的办法。”最简单的往往就是最好的。**

第五章　灵活机动，变通致胜：思想让工作成功转弯

变通是一门学问，更是一门艺术。不论是为人处世还是工作生活，成功者往往圆融智通，灵活机动，而碌碌无为者总是木讷愚笨、不懂变通。

善于变通，只需换个思路，就能找到出路；解脱羁绊，就能进退无碍；抛弃死板，就能动静自如。因时而变，随势而动，行止有度，进退随心，应智则智，该愚则愚，通达机敏，一定可以把工作做得最周到、最圆满、最完美！

1. 要灵活变通，不要机械死板

什么是灵活？什么是死板？没有一个确切的定义来说明它们。大致说来，灵活就是懂得随机应变、随势而动，让自己时时处于最好的位置，做最好的事。死板就是不灵活，就是不懂得应变，说话办事缺乏灵活性和针对性，用一种态度、一种方式对待所有的人和事。

灵活与死板是相对的，如果遇到问题，一心想找一个更灵活的方法，一个一个想法的去试，再灵活也会变成死板了。就算处事时，老是用同一种行之有效的方法去做，那也是另一种灵活。

也许是灵活身上的光环太多了，以至于许多人都在追求灵活的路上，变得死板了；殊不知，灵活变通才是正道，最适合的才是最好的。不同的情况有不同的处理方法，不能一概而论，所谓“一把钥匙只能开一把锁”，故而学会办事的关键就在圆融智通，在于灵活机动。“萧规”是改革创新、是机动灵活，“曹随”也并不是死板僵化。所以我们必须学会圆融变通，因时因人而异，才能把事情办得尽善尽美。

中国人历来最讲究变通之法，视变通为最高智慧。王国维在《人间词话》里说：“诗人对于宇宙，须入乎其内，又须出乎其外。入乎其内，故能写之。出乎其外，故能观之。入乎其内，故有生气。出乎其外，故有高致。”他的意思说的就是做人做事要灵活跳脱，不能死板；看待事物是否完美，也要从内到外考察，不仅要内涵好，外表看起来也要高雅精致，这就是追求完美。纵观历史，也几乎可以得出一个结论：成功之人必是思灵心活、圆融智通之人。

孔子是公认的圣人，是端庄温良的“至圣先师”，可他也并不是什么僵化死板的“夫子”，恰恰是一位圆融变通的高手。

《史记·孔子世家》载：

一次，孔子准备去卫国推广他的政治理想，路过蒲国时被蒲人围困。孔子有一个叫公良孺的弟子勇猛善战，红了眼睛跟蒲人玩命。蒲人遇到不怕死的也犯了憷，就跟孔子商量："如果你们不去卫国，我们就撤退。"孔子当即和蒲人盟誓，于是蒲人解围而去。孔子转身就继续向卫国进军。

老实巴交的子贡忍不住问老师："盟誓难道是可以违背的吗？"老先生满不在乎地回答："这是在威逼之下的盟誓，哪怕破坏了，神灵也不会在意的。"

孔子被围困在陈国与蔡国之间，整整10天没有饭吃，有时连野菜汤也喝不上，真是饿极了。学生子路偷来了一只煮熟的乳猪，孔子不问肉的来路，拿起来就吃；子路又抢了别人的衣服换来了酒，孔子也不问酒的来路，端起来就喝。可是，等到鲁哀公迎接他时，孔子却显出正人君子的风度，席子摆不正不坐，肉类割不正不吃。子路便问："先生为何现在和在陈、蔡受困时不同？"孔子答道："我之前那样做是为了偷生，现在我这样做是为了取义！"

还有一次，孔子与弟子出游于郑，被反对儒学的一个权贵抓住，要求他们立刻离开郑地，并且保证再也不传播儒学，不然杀头。弟子都很为难，只见孔子毫不含糊地当场保证，而后立刻上路。但当他们一离开郑，就马上着手进行讲学事宜。弟子很不解地问老师："老师不是教我们讲诚实守信用吗？既然保证了不再讲学还……"孔子哑然失笑，说："请问儒学有没有错？没有，那么郑人的要求是无道的，对无道之人就该用无道的办法，那与无道之人的约定就不必那么认真了。"

还有一个关于孔子的笑话：

孔子落魄于野，弟子去向当地富人求食。富人一听是孔子的徒弟在讨饭，就写一"真"字，让他说是什么字，弟子说是个"真"字，可是富人非说不对，不给食物。孔子听弟子一说就去了，说："是直八。"富人连呼："厉害厉害，果然不愧是大师。"弟子疑惑，难道不是真吗？孔子说："认真，我们就该讨饭了，现在就是认不得真的时候啊。"

看到这儿，大家都会忍不住莞尔。一直在历史深处端方威严的孔子一下子变得亲切明朗起来，就像我们身边的很多人一样，并不高深，也不死板，而是灵活机动，亲切可人。他老人家如此灵活懂变通，真不愧是我们万世的师表。

每个人都应该学会变通，在变通中发展，在变通中走向成功大道。不懂变通，不会灵活应对生活和工作中的事情的人，不可能取得什么成就，只会留下千古笑柄。

在明朝杨慎的《艺林伐山》中记载了这样一则寓言故事：

古代秦国有个名叫孙阳的人，精通相马，不管什么样的马，他一眼就能分出优劣。所以人们常请他去识马、选马，他被人们称为伯乐。

这天，孙阳外出打猎，一匹拖着盐车的老马突然向他走来，停在孙阳面前后冲他叫个不停。摸了摸马背，孙阳断定这是一匹千里马，只是年龄稍大了点。老马专注地看着孙阳，眼神充满了期待和无奈。孙阳觉得太委屈这匹千里马了，它本是可以奔跑于战场的宝马良驹，现在却因为没有遇到伯乐而默默无闻地拖着盐车，渐渐地消耗着锐气和体力，实在是可惜。想到这里，孙阳难过得流下泪来。

经过这件事，孙阳深有感触，他想，这世间不知还有多少千里马被庸人所埋没。于是，为了让更多的人学会相马，他把自己多年积累的相马经验和知识，再配上各种马的形态图，写成了一本名叫《相马经》的书。主要目的是使真正的千里马能够被人发现，尽其所才，也为了自己一身的相马技术能够流传于世。

孙阳的儿子看了父亲写的《相马经》，以为相马非常容易。

他想，有了这本书，还愁找不到好马？于是，就拿着这本书到处找好马。他按照书上所画的图形去找，没有找到。他又按书中所写的特征去找，最后在野外发现一只癞蛤蟆，与父亲在书中写的千里马的特征很像，便高兴地把癞蛤蟆带回家，对父亲说："我找到一匹千里马，只是马蹄短了些。"父亲看了之后，气不打一处来，没想到儿子竟如此愚蠢，便悲伤地感叹道："所谓按图索骥也。"

与此相近的成语故事还有刻舟求剑、郑人买履、守株待兔等，都是批驳这种僵化、教条、死板、机械思维的故事，我们从中也应该能够悟出一些道理来。

我们在工作中更是如此。不懂得变通，不知道灵活处理，只会死板听命、机械执行的员工，顶多算得上一个不出错的"机器人"员工，不懂随势而动、因时而变、因地制宜、灵活变通，也不过等同于一个"木头人"员工。这样的员工，注定不可能有成就，终其一生也只能是个小人物。

无论面对何事，一定要懂得学会灵活变通。所谓灵活变通与弹性处理，跟做事滑头、没有原则是不相同的。进步的最大的障碍就在于"因循守旧"，延续旧有的做法，不思考原因为何，不留意环境的变化，因此始终无法有效提升竞争力。天底下最笨的人就是重复同样的错误，却希望有不同结果的人，如果过去的"选择"不正确，造成今日的成果不佳，而我们希望未来的生活和成就能够更好，就必须从现在开始下定决心改变。因时制宜，在某种特殊环境之内，配合需求，设计出最好的可行方案，就是变通，而变通的另一个名字就是成功。

日本有一个叫佃光雄的人，曾把一种叫"抱娃"的玩具拿到百货公司去推销，并为此刊登了广告，做了一番宣传。遗憾的是，这种玩具并未因此而畅销，仍然无人问津。百货公司的店员对他说："这种玩具卖不掉。"并要求佃光雄把这些玩具拿回去。佃光雄见此情形，也就只得从百货公司把这种黑皮肤的"抱娃"

取回来，堆放在仓库里。

佃光雄的养子是一个爱动脑筋的青年。他注意到，百货公司里有一种身穿游泳衣的女模特模型。这些女模特模型都有一双雪白的手臂。他想：如果把这种黑色的“抱娃”放在女模特模型雪白的手腕上，那真是黑白分明，格外耀眼，通过这样的鲜明对比，说不定顾客会喜欢“抱娃”。佃光雄的养子决定把自己的想法付诸实践。在做了一番说服工作之后，百货公司终于同意让女模特模型手持“抱娃”。

“这个‘抱娃’真好看，哪儿有卖的？”原来无人问津的“抱娃”一时间成了热门的抢手货。

后来，佃光雄的养子又想出了一个办法：他请了几位容貌漂亮、皮肤白皙的女青年，身着夏装，手中各拿一个“抱娃”，在东京繁华热闹的街道上“招摇过市”。这样一来，不仅大量的过往行人被吸引过来，连新闻记者也纷纷前来采访。第二天，报纸上刊登出照片和报道，东京竟因此而掀起了一股“抱娃”热。

很多事情之所以会失败，是因为没有遵循变通这一成功原则。无论是做人，还是做事，在职场，还是其他地方，都要学会变通。因为，只有变通才会找到方法，才会获得一条通向成功的捷径。

变通是天地间最大的智慧，是才能中的才能、智慧中的智慧。任何事情，要想做好，都必须要想办法学会变通，才会做到最好。

随机应变，灵活变通不仅是处世的智慧，更是工作的学问。假如你陷入了困境，不要消沉，不要焦虑，有一条路可以绕开生活道路上的一切障碍让你到达目的地，那么这条路就是所谓解决问题的绝妙方法——变通。

2. 因时而变，随势而动

所谓变通，即是有变则通，无变则滞。变通要一切以时间、地点为转移,灵活机动地处理各种各样的事情,而不要“一本通书念到老”,“一根筋”。

在很多情况下,变通是一种精明,变通是一种灵巧,变通是一种最成熟的思考。它能打开闭塞的通道,挖掘出丰富的矿藏。有时,只要我们放弃了盲目的执著,选择了理智的改变,就可以化腐朽为神奇。大凡高效能的成功人士,踏上成功之途总是从变通思维开始,从随机应变成功的。

今天,日本已成为世界上数一数二的现代化强国。但在日本一个偏僻的山区里,有一个小山村因山路崎岖,几乎与世隔绝,几十户人家仅靠少量贫瘠的山地过日子,十分落后,生活极为贫苦。

全村人虽然也想脱贫致富,却一直苦于无计可施。

一天,村里来了一位精明的商人,他立即感到这种落后的本身就是一种可贵的商业资源,便向村里的长者谋划了一条致富的计策。

于是,长者马上召集全村人,对村民们说:“如今,都是什么年代了,咱村的人还过着和原始人差不多的生活,我们深感痛心!也深感内疚!不过,大都市里的人过着现代化生活的时间长了,一定会感觉乏味。咱不妨走回头路,干脆过原始人的生活,利用咱的‘落后’,出卖这‘落后’,定会招来许多城里人。咱们呢,也可借此机会来做生意赚钱。”

这一计谋博得全村人的喝彩。

从此,全村人便开始模仿原始人的生活方式,在树上建房,披兽皮,穿树叶制成的衣服。

不久,那位商人便向日本新闻界透露了他发现这个“原始人”小部落的秘密,立即在社会各界引起了轰动。

从此,成千上万的人都慕名而至,参观者络绎不绝。众多的游客为这个小山村带来了可观的财富。

有经营头脑的人来了，他们来这里修公路、建宾馆、开商店，将这里开辟为旅游点。

小山村的人趁机做各种生意，很快就富裕起来了。

这就是随势而动的应变之策。的确，善变者得道，并且善变者会清楚变化之道。随势而行似乎被动，实则是一种变被动为主动的策略。在不改变势态发展的前提下，巧妙地利用各种因素，形成水涨船高之势。这是因势利导，因时而变，随势而动的超级智慧。

变通思维可以解放自己的思想束缚，使思维更加开阔、心灵更加开放。随机应变，随势而动，就是让我们要高效地利用现有的条件来灵活变通，这是一种智慧。

1972年，新加坡国家旅游局给李光耀总理呈上一份报告，为缺乏旅游资源大叹苦经。报告中说：我们不像埃及有金字塔、中国有长城、日本有富士山、美国有夏威夷；我们除了一年四季直射的阳光外，几乎什么名胜古迹也没有。要发展旅游业，无疑是做无米之炊。

李光耀总理在报告上批了一句话：阳光还不够吗？你想让上帝给我们多少东西！后来，新加坡便利用阳光，大量植草种花。在很短的时间里，整个国家成了“花园城市”。连续多年，旅游业收入名列亚洲第三位。

有道是：“事变我变，人变我变，不要把希望盯在一个点儿上。”在做事情的过程中，无论是谁都不可能像“诸葛亮”那样事事能掐会算，因而，紧盯事情的发展过程，随势应变，因时而动，就尤为重要，只有这样，方能在“死胡同”中找到峰回路转的契机。

1970年，迪斯尼乐园建成了。但各个景点之间的路线该怎样连接还没有形成具体的方案，设计师格罗培斯为此茶饭不香。

有一天，格罗培斯开着车子外出兜风。当车子从一条乡间公路拐入一个小山谷之后，他惊奇地发现那里停放着许多大大小小的车子。原来,这儿有一个无人看管的葡萄园,任何人只要在路边的箱子里投入5法郎,就可以摘一篮葡萄继续上路。

惊讶之余,格罗培斯就向一位恰好路过的当地人打听,这才明白了其中的原委:这个葡萄园是当地一位老太太的,因为实在无法料理也就想出了这个办法来。谁知道这样一来,在这绵延上百里的葡萄园里,总是老太太的葡萄最先卖完……

顿时,格罗培斯击节叫好:"这种完全给人自由、任其随便选择的做法,倒是非常完美的嘛!"

也就是在这个时候,格罗培斯的脑海中突然闪过一道灵光。

是什么想法打动了格罗培斯呢?

原来,格罗培斯想到了这些天来自己一直火气冲天找个什么方法去设计路线一事。这么一个看似笨拙但很有意思的做法竟然能把葡萄卖完,那么如果运用到迪斯尼乐园的景点路线设计中的话岂不是照样行得通?

灵感一来,格罗培斯顿时神清气爽,随即掉头回到了迪斯尼乐园,然后给施工部下达了一道命令:撒上草种,提前开放。

就这样,在提前开放的半年里,迪斯尼乐园绿油油的草地被前来观光游玩的人踩出了许多条大大小小的路。格罗培斯就让人按照这些踩出的痕迹铺设了人行道。

正是这样的路径设计,最后被评为了世界最佳设计。

除了要学会随势而动外,我们还要学会因时而变。因为时间不同,事物的变化也是非常大的。懂得变通才不会死守一隅,懂得变通才会在一定的情况下适时放弃、调整目标、随势而动、果断出击,要不然,就会失去机会。

如果因循守旧、固守老观念,不随势而动、因势而变,必然会吃大亏。

第二次世界大战期间,伴随着"自己动手刮胡子"的广告语,吉列公司的"安全刀片"深入人心。紧跟着,在相继推出了"刀片分配器”和“可调节剃须刀”之后，吉列牢牢地控制了整个剃须刀市场。

应该说，吉列公司是具有高度营销眼光的优秀公司，良好的传统与意识使其成为全球性的名牌企业。然而，也许正是这种垄断性的优势，反倒使得吉列公司逐渐失去了营销忧患意识，慢慢地变得因循守旧起来。

1961年，英国威尔金林刀具有限公司生产出了一款锋利、不生锈、寿命长的“超级刀刃”不锈钢刀片，一进入市场便将原本固若金汤的剃须刀市场划割出了一个裂口，并且很快就站稳了脚跟。

就这样，在“超级刀刃”不锈钢刀片的带动下，许多之前与吉列公司竞争处于下风的刀片生产商也在一夜之间恢复了信心，纷纷加快了重新争夺市场份额的步伐，比如：埃佛更普公司在美国11个州推销其生产的不锈钢刀片；安全制刀公司也涉足它以前从未涉猎的刀片市场……

眼看着大火就要烧到了家门口，可是吉列公司却依旧在“当其他人进入时，我们才不得不进军”的战略思想指导下无动于衷，从而拱手让出了大片的“阵地”。

6个月之后，总算回过神来的吉列公司终于下定决心生产不锈钢刀片了。然而，结果是让人沮丧的：1962年吉列公司投资收益率是40%，1963年是34.1%，1964年降至29.8%；净收益也从1962年的4527.4万美元降至1963年的4154.5万美元和1964年的3767.3万美元。这样的惨败即是吉列公司作为最后一个进入不锈钢刀片市场的代价。

更加要命的是，在埃佛更普剃刀公司和安全剃刀公司稳稳地建立起了他们的不锈钢刀片市场份额之后，想要重新夺回原本属于吉列的市场份额已是相当不易。结果，吉列公司在其他产品的销售上也受到了沉重打击，从而使得吉列剃须刀市场的占有率迅速由70%下降至55%，从而彻底失去了市场的垄断地位。

变通思维能够突破教条的框框，它是思维方式的改变，是某个思想过渡到另一个思想的转换。要变通就要学会随势而变、因时而动，只有这样，才能真正变通地做事、正确地做事、完美地做事。

3. 山不过来，我就过去

有这样一个故事：人们听说有位大师几十年来练就一身移山大法，央其当面表演一下。大师在一座山的对面坐了一会儿，大声喊："山，过来！"但山根本不动；大师又起身跑到山的另一面，大声喊："山，过来！"山依然没有动。然后大师说表演完毕。众人大惑不解，大师微微一笑，说："事实上，这世上根本就没有什么移山大法，唯一能移动山的方法是：山不过来，我就过去。"

这真是智慧的思维！

山是不会动的，我们是会动的；山不会思考，我们会思考；山不过来，那我们就过去呗！这就是变通，就是人生中至高的智慧！

有很多时候，条件已经固定了，就像这座山一样，看似无法改变，但我们不能改变条件，却可以改变自己，让自己去适应条件，也一样可以达到解决问题的目的。

在一个古老的部落里，长久以来有个习惯：为了调节气氛，每天晚饭后，部落长老都要给族人出一道游戏题。

一天晚上，长老出了一道题，把所有的人都难住了。这道题是这样的："如果把你关在一间没有窗户、四周坚固的房子里，再把门锁好，不给你饭吃，不给你水喝，你如何从房子里走出来？"这道题把所有人都难住了。

所有的族人绞尽脑汁想了一个晚上，还是没有想出合适的办法。眼看着今天晚上大伙就要不欢而散了，这时一个7岁的小孩子轻松地说出了答案："我不玩了！"

你看，换个角度，不移动山，而从自己这里去找答案，一样可以有所突破、达到目的。突破，有时就这么简单。只要你爱思考，总会找到解决问题的方法。

无论做什么事情，都要学会转变思维角度，学会变通。有"山不过来，我就过去"的理念。人改变不了外部世界，可以想法改变自己本身。只要改变，一切问题都会迎刃而解。工作中这样的事例俯拾即是。

有一家旅馆的经理，对旅馆内一些物品经常被住宿的旅客顺手牵羊感到头痛，却一直拿不出很有效的对策来。

他嘱咐属下在客人到柜台结账时，要迅速派人去房内查看是否有什么东西不见了。结果客人都在柜台前等待，直到房务部人员查清楚之后才能结账。这种做法不但结账太慢，而且客人觉得面子挂不住，下一次再也不住这个旅馆了。

旅馆经理觉得这样下去不是办法，于是召集了各部门主管，想想有什么更好的法子，能制止旅客顺手牵羊。

几个主管围坐在一起冥思苦想了一番。一位年轻主管忽然说："既然旅客喜欢，为什么不让他们带走呢？"

旅馆经理一听瞪大了眼睛，这是哪门子的馊主意？

年轻主管急忙挥挥手表示还有下文，他说："既然顾客喜欢，我们就在每件东西上标价。说不定还可以有额外收入呢！"

大家眼睛都亮了起来，兴奋地按计划进行。

有些旅客喜欢顺手牵羊，并非蓄意偷窃，而是因为很喜欢房内的物品，下意识觉得既然付了这么贵的房租，为什么不能拿回家做纪念品，而且又没有明文规定哪些不能拿。于是，这些旅客就故意装糊涂拿走一些小东西。

针对这一点，这家旅馆给每样东西都标上了标价，说明客人如果喜欢，可以向柜台登记购买。在这家旅馆之内，忽然多出了好多东西，像墙上的画、手工艺品、有当地特色的小摆饰、漂亮的桌布，甚至柔软的枕头、床罩、椅子等用品都有标价。如此一来，旅馆里里外外都布置得美轮美奂，给客人们的印象好极了。

这家旅馆的生意竟然越来越好了！

我们在工作中无可避免地会遇到各种各样的问题，有的问题很复杂，看似没有任何可以解决的办法，但只要我们运用灵活变通的思维方法，把问题倒过来想，也一样可以找到解决方法的。

有一次，一位重要的外国客人圆满地结束了对我国的正式友好访问后，决定从上海取道回国。为了表示中国人民的友好情谊，有关方面在上海一家著名的豪华饭店举行了隆重的欢送宴会。

出于对贵宾的尊重，宴会上使用了极其珍贵的九龙杯。这种酒杯除做工精美、质量上乘外，平时还看不出其他特别之处。然而，斟上酒后，杯子盘旋的龙嘴里衔着的一粒珍珠便会骤然发亮，甚是奇异。

这位尊贵的外宾不但赞不绝口、连声“OK”，而且还爱不释手。可能是已有了醉意，竟顺手将1只九龙玉杯放进了他的公文包。

此事令我方接待人员颇感为难，这套九龙杯堪称国宝，全套36个，少了1只，实在是太可惜了。

当时我国的一位领导人正在上海，听了汇报后批示：九龙杯一定要追回来，但不可轻率行事。究竟怎么做才好呢？他思考了一会以后，询问当天晚上有什么接待活动，负责人回答：“看中国的杂技表演。”这位领导人听后感到这是一个机会，心里马上想到了一个好办法。他如此这般地吩咐了下去。

晚上魔术节目表演开始，只听一声枪响，桌上放的3只九龙杯突然少了1只，正在观众大感惊讶的时候，只见魔术师微笑着走到外国客人面前，彬彬有礼地对观众说："我把那只珍贵的九龙杯变到尊贵客人的公文包里了！"那位客人只得将公文包打开，让魔术师取出了九龙杯。

这时场内观众掌声雷动，就连那位外宾也跟着一起鼓起掌来。

我们知道，珍贵的九龙杯是国宝，必须取回，而对方又是非常重要的客人，不仅不能生硬讨要，就连当面询问也不合时宜，在这种非常情况下，要取回九龙杯，就必须讲究策略。我国的领导人采取了绕道攻关、迂回前进的策略，把事情圆满地解决了。其中的道理，也就是"山不过来，我就过去"的思维，一种变通的思维。

所以，要成为一名优秀的员工，一定要记得带上你的头脑一起工作。要灵活，要变通，要勤用脑，善用脑，带着思想去工作，才能最终解决难题。以"山不过来，我就过去"的开阔心境，及时转换思维角度，一定会看到一番新天地。

4. 放弃固执，此路不通转个圈

梁启超说："变则通，通则久。"知变与应变的能力是一个人能力的体现。如果不懂变通，一味固执，偏要在牛角尖上打洞，是绝对不行的。

执著是古人很推崇的精神。夸父追日、精卫填海、愚公移山的故事，说的都是执著。

执著是好事，成功离不开执著，离不开这种持之以恒、坚持不懈的执著精神，可以说没有这种精神就不可能成功。

但是执著千万不能过分，过分执著就是固执了。而固执是不可能成功的，只能走向失败。一条艰难曲折的道路，它的一端是你的起点，另一端是成功，这条路虽然不好走，但历经千辛万苦最终却能走到另一端，取得成功，那么这就是执著；如果在这条路的中间有一堵墙，切断了你通向成功的道路，你明明知道无法推倒这堵高大坚实的墙，却仍要向前走，那么除了碰壁，甚至头破血流之外别无结果，这就是固执而不是执著了。这时你要是发现这条路是条“死胡同”，就要毫不犹豫地掉转头来，另选道路和目标。否则，你的执著就变成了固执，就变成了那只死钻牛角尖的老鼠了。

老鼠钻到牛角尖里去了。它跑不出来，却还拼命往里钻。

牛角对它说：“朋友，请退出去，你越往里钻，路越狭了。”

老鼠生气地说：“哼！我是百折不回的英雄，只有前进，决不后退的！”

“可是你的路走错了啊！”

“谢谢你，”老鼠还是坚持自己的意见，“我一生就是靠钻洞过日子的，怎么会错呢？”

不久，这位“英雄”便活活闷死在牛角尖里了。

“牛角尖”是民间俗语用来说那些死板、脑筋不转弯、不开窍的人，又喜欢对一个问题寻根问底的人。当然这个根底如果确实值得追寻，无可厚非。“牛角尖”钻得开心，钻得专一，不撞南墙不回头，不到黄河不死心，最后也能有所成就。问题是不值得花费时间来苦钻的，却还偏硬往“牛角尖”里死顶不放，就太没有必要了，这就是死板，就是固执，就是僵化，就是不会变通，最后就必然尝到这种固执的后果。

两个贫苦的樵夫靠上山捡柴糊口，有一天他们在山里发现两大包棉花，俩人喜出望外，棉花价格高过柴薪数倍，将这两包棉花卖掉，足以供家人一个月的衣食。当下俩人各自背了一包棉花，便急忙赶路回家。

走着走着，其中一名樵夫眼尖，看到山路上扔着一大捆布，走近细看，竟是上等的细麻布，足足有十匹之多。他欣喜之余，和同伴商量，一同放下背负的棉花，改背麻布回家。

他的同伴却有不同的看法，认为自己背着棉花已走了一大段路，到了这里丢下棉花，岂不枉费自己先前的辛苦，坚持不愿换麻布。先发现麻布的樵夫屡劝同伴不听，只得自己竭尽所能地背起麻布，继续前进。

又走了一段路后，背麻布的樵夫望见林中闪闪发光，待走近一看，地上竟然散落着数坛黄金，心想这下真的发财了，赶快邀同伴放下肩头的麻布及棉花，改用挑柴的扁担挑黄金。

他的同伴仍是那套不愿丢下棉花、以免枉费辛苦的论调；并且怀疑那些黄金不是真的，劝他不要白费力气，免得到头来一场空欢喜。

发现黄金的樵夫只好自己挑了两坛黄金，和背棉花的伙伴赶路回家。

走到山下时，无缘无故下了一场大雨，俩人在空旷处被淋了个湿透。更不幸的是，背棉花的樵夫背上的大包棉花，吸饱了雨水，重得完全无法再背，那樵夫不得已，只能丢下一路辛苦舍不得放弃的棉花。空着手和挑金的同伴回家去。

当一个人深陷“牛角尖”时，他可能不知道自己正在走向死胡同，他还可能标榜顽强和百折不挠。假如在这种情形下他还觉得快乐的话，似乎这样的行为无可厚非。但是大多数钻牛角尖的人都有一种心理：自暴自弃，不成功便成仁。殊不知，这一念之差毁了多少英雄豪杰的大好前程！所以，**你可以执著，但是一定不要固执。**

一只章鱼的体重可达几十公斤，但如此庞大的家伙，身体却非常柔软，柔软到几乎可以将自己挤进任何一个想去的地方。最神奇的是，它竟然可以穿过一个银币大小的洞。渔民掌握住了章鱼的这一特点，便将小瓶子用绳子串在一起沉入海底。章鱼一看见小瓶子，都争先恐后地往里钻，不论瓶子有多么小、多么窄。结果，这些在海洋里横行霸道的章鱼，就成了瓶子里的囚徒，成为了渔民的猎物，最后成为了人们餐桌上的一道美味。

章鱼的下场不得不让我们思考：生活的海洋宽阔得很，生活的道路也不止一条，何必硬要一条道走到黑呢？明明知道是死胡同，就不可一味钻牛角尖，碰南墙不回头。而应该理智地退出，另辟途径，开创新的天地。一个人不管你有多大的本事，个人的力量毕竟是有限的，但是却可以借用外力，使自己强大起来，这就是不钻牛角尖。

明知是一些无结果、无关紧要的事情，还要拼命地往里钻，费力费神，更甚者劳而无功。当遇到困难时，就应该学会退一步，改变自己的思维方式，以便能更好地寻找到解决问题的方法。生活来不得太多的“钻牛角尖”，要不然，头破血流事小，性命不保就事大了。

我们需要执著，但不需要固执。在职场，有的员工认死理，凡事一定要弄个明白，这本来是好品质。但如果一味固执自负、硬钻牛角尖就不好了。特别是对于职场新人，面对同事的犯难、面对工作的不同意见，忍耐和克制其实也是一种美德，而非怯懦。只要过了试用期，至少有一年的时间让新人慢慢表现能力。在职场上，多看多想多学多做，活学活用活做，灵活变通，放弃毫无意义的固执，才是上策。

任何事物的发展都不是一条直线，具有灵活思维的人能看到直中之曲和曲中之直，并不失时机地把握事物迂回发展的规律，通过迂回应变，达到既定的目标。

运用以迂为直的策略，十分讲究迂回的手段。特别是在与强劲的对手交锋时，迂回的手段高明、精到与否，往往是能否在较短的时间内由被动转为主动的关键。

如果你的确感到行不通，钻进了牛角尖，就不必一味固执地往前钻了，就应当转个圈，尝试另一种方式，迂回曲折，也会柳暗花明。

5. 如果找不到解决办法，那就改变问题

一件事情如果找不到解决的办法怎么办？一般的人也许会告诉你：“那只能放弃了。”但善于思考的杰出人士却会这样说：“找不到办法，那就改变问题！”

在19世纪30年代的欧洲大陆，一种方便、价廉的圆珠笔在书记员、银行职员甚至是富商中流行起来。制笔工厂开始大量生产圆珠笔。不久却发现圆珠笔市场严重萎缩，原因是圆珠笔前端的钢珠在长时间的书写后，因摩擦而变小，继而脱落，导致笔芯内的油泄漏出来，弄得满纸油渍，给书写工作带来了极大的不便。人们开始厌烦圆珠笔，不再用它了。

一些科学家和工厂的设计师们为了改变“笔芯漏油”的状况，做了大量的实验。他们都从圆珠笔的珠子入手，实验了上千种不同的材料来做笔前端的“圆珠”，以求找到寿命最长的“圆珠”，最后找到了钻石这种材料。钻石确实很坚硬，不会漏油，但是钻石价格太贵，而且当油墨用完时，这些空笔芯怎么办？

为此，解决圆珠笔笔芯漏油的问题一度搁浅。后来，一个叫马塞尔·比希的人却很好地将圆珠笔做了改进，解决了漏油的问题。他的成功是得益于一个想法：既然不能延长“圆珠”的寿命，那为什么不主动控制油墨的总量呢？于是，他所做的工作只是在实验中找到一颗“钢珠”在书写中所需要的“最大用油量”，然后每支笔芯所装的“油”都不超过这个“最大用油量”。经过反复的试验，他发现圆珠笔在写到两万个字左右时开始漏油，于是就把油的总量控制在能写一万五六千个字。超出这个范围，笔芯内就没有油了，也就不会漏油了，结果解决了这个大难题。这样，方便、价廉又“卫生”的圆珠笔又成了人们最喜爱的书写工具

之一。

马塞尔·比希发现解决足够结实又廉价的“圆珠”这个问题比较困难，便将问题转换为控制“最大用油量”，使原本棘手的问题得到了巧妙的规避，并且不需要耗费多大的精力和财力。

某楼房自出租后，房主不断地接到房客的投诉。房客说，电梯上下速度太慢，等待时间太长，要求房主迅速更换电梯，否则他们将搬走。

已经装修一新的楼房，如果再更换电梯，成本显然太高；如果不换，万一房子租不出去，更是损失惨重。房主想出了一个好办法。

几天后，房主并没有更换电梯，可有关电梯的投诉再也没有接到过，剩下的空房子也很快租出去了。

为什么呢？原来，房主在每一层的电梯间外的墙上都安装了很大的穿衣镜，大家的注意力都集中到自己的仪表上，自然感觉不出电梯的上下速度是快还是慢了。

更换电梯显然不是最佳的解决方案，但问题该怎么解决呢？房主也运用逆向思维改变了问题，将视角从“换不换电梯”这一问题转换到了“该如何让房客不再觉得电梯慢”，问题变了，方案也就产生了，转移大家的注意力就可以了。

无论你做了多少研究和准备，有时事情就是不能如你所愿。如果尽了一切努力，还是找不到一种有效的解决办法，那就试着改变这个问题。彼得·蒂尔在离开华尔街重返硅谷的时候学到了这一课。

当时，互联网正飞速发展，无线行业也即将蓬勃发展，于是，彼得与马克斯·莱夫钦一起创办了一家叫 Fieldlink 的新公司。

这两位创业者相信，无线设备加密技术会是一个成长型市场。但是，他们老早就碰到了问题，最大的障碍是无线运营商的抵制。尽管运营商知道移动设备加密的必要性，但是 Fieldlink

是一个名不见经传的新企业，没有定价权，也没有讨价还价的砝码，而且还有许多其他公司试图做这一行，所以 Fieldlink 对运营商的需要超过了运营商对它的需要。

另一个问题是可用性。早期的无线浏览器很难使用，彼得和马克斯在这上面无法找到他们认为顾客需要的那种功能。这些挫折将他们引入了一个新的方向。他们不再试图在他们无法控制的两件事，即困难的无线界面和无线运营商的集权上抗争，转而致力于一个更简单的领域——通过 E-mail 进行支付。

当时，美国有 1.4 亿人有 E-mail，但是只有 200 万人有能联网的无线设备。除了提供更大的潜在市场外，E-mail 方案还消除了与大公司合作的必要性。同样重要的是，E-mail 使他们能够以一种直观而容易的形式呈现他们的支付方案，而用无线设备上的小屏幕无法做到这一点。

他们将公司的名字改成 PayPal，推出了一项基于 E-mail 的支付服务。为了启动这项服务，彼得决定，只要顾客签约使用 PayPal，就给顾客 10 美元的报酬；每推荐一个朋友参加，再给他 10 美元。“当时这样做看起来简直是疯了，但这是拥有顾客的一个便宜法子。”他们解释说，“而且我们拥有的这类顾客其实价值更大，因为他们在频繁使用这个系统。这要比通过广告宣传得到 100 万随机顾客要好”。

PayPal 迅速取得了成功。在头 6 个月里，有 100 多万人签约使用这项新的支付服务。由于容易使用，界面友好，PayPal 迅速成为 eBay 上的支付系统，急剧发展起来。一年后当他们决定关掉无线业务的时候，有 400 万顾客在使用 PayPal，而只有 1 万顾客在使用其无线产品。尽管 eBay 内部有一个名为 Billpoim 的支付服务，但是 PayPal 仍然是在线支付领域无可争议的领袖。PayPal 后来上市了，eBay 最终以 15 亿美元买下了

PayPal。如果彼得和马克斯坚持他们最初的计划，故事的结局就会截然不同了。

与其被问题牵着鼻子走，还不如换个思路解决问题。这就需要我们从多层面来考虑问题。

在工作中，优秀的员工总是让思维保持在最自由的状态。在他们看来，许多困难其实只是思维上的一种局限，工作中也从来没有什么不可能，只要头脑足够灵活，完全可以化腐朽为神奇、变坏事为好事。

众所周知，不干胶是3M公司发明的，但他们的最初目的却是要制造一种强力胶。然而，实验的结果却让他们一次次失望。因为这种胶粘上之后，只要一用力就会掉下来，为此大家都感到十分郁闷。

不料，这件事被3M公司的一位员工得知了。他立刻大声叫好，因为他正在寻找一种胶，用来做即时贴。这种胶在门上贴条，如果 这个条粘上去很容易撕下来不是很好吗？就这样，不干胶成了有史以来最伟大的发明之一。

由于事物的复杂性，分析问题的确是有一定难度的，因为问题从来就不在生活的表象，所以我们不仅要仔细地观察，更要深入细致地思考。就像道教里所讲的：我们不仅要靠肉眼看世界，更需要用心眼看世界。惑于表象，或是浅尝辄止，是不可能看透问题的根源的，更谈不上找到解决的办法了。

所以我们应该学会用正确的思路去分析问题：首先，我们要把事情摸清楚；其次，我们要弄清楚问题到底是什么，它出在什么地方；再次，要正确地界定解决问题的关键点。

只有正确地界定了解决问题的关键点，才能找到最佳的解决方案。

在很长的一段时期内，美国加利福尼亚州曾因为许多工厂排放污水，致使州内多条河流污染严重。

为了制止企业的这些行为，当局采取了罚款、整改等不少措施，都不能从根本上解决问题。污水乱排的现象仍然屡禁不止，甚至还有愈演愈烈的势头。怎样才能让工厂既能继续生产又不至于污染河流呢？有关部门为此费尽心力。

后来，这个难题被一个年轻的议员轻松解决了。他提出了一个设想，那就是立一项法律——所有工厂的水源输入口必须建立在它自身污水输出口的下游。

这无疑是个匪夷所思的设想，然而事实证明，这个方法确实有效地促使工厂自律。假如那些企业排出的是污水，输入的也将是污水，问题便迎刃而解了。

有句话叫做“牵一发而动全身”。任何问题都有一个关键点，这个点就是一切矛盾的汇集点。只要解决了这个点的问题，就能掌握主动。善于思考的智慧员工，之所以能在相同条件下，工作效能却更高、业绩更突出，其根本原因正在于，他们更善于发现问题关键点因而更能完美地解决问题。

在任何一个公司里，具有灵活头脑的员工总是备受青睐的！因为当工作陷入困境时，当我们屡战屡败痛苦不已时，是他们引领我们把思维放开一点，再提升一个层面，从更多更广的角度来找到方法，甚至改变问题，然后完美地解决问题。

6. 做一个灵活变通的智慧员工

变通，就是以变化为途径，通向成功。所以一个优秀的员工必然是一个灵活变通的员工。当然，也只有那些思维灵活、善于变通的员工才有可能品尝到成功的甜果，死板机械没有思想的员工是不可能得到幸运女神的亲吻的。所以，每一个力求上进、勇于追求的员工都要争做一个灵活变通的智慧型员工。

有一家快递公司，主要业务是为都市商圈的写字楼服务。

这些写字楼一般都位于地铁沿线,快递员使用地铁投递十分方便快捷。美中不足的是成本较高,虽然这个城市的地铁网络较为发达,而且换乘任何线路都是一票到底,但毕竟进一次站就要买一次票,而快递是哪怕一个单件也要出站送到的。况且,由于竞争激烈,现在城市快递的收费价格都压得很低,因此,如何既保证服务到位,又能节省自己的成本就成了每个快递公司必须面对的事情。

绝大多数普通快递员很少会去想这样的问题,对于他们来说,只需按照客户的要求、公司的制度把东西送到目的地就好了,交通费用自然也有公司承担。可是,这家公司的一位快递员却在琢磨,每天坐地铁,花的钱可真不是小数,公司这么多快递员,加起来就更不得了了。虽然大家各自有负责的区域,但一个区域内有多少写字楼?分布在多少地铁站附近?用自行车送当然省钱,可服务的快捷又很难保证,这样就没有竞争力了。

有一天,他完成了一天的工作,准备回家休息。在回去的地铁车厢里,他看见有人背着包上来,等车一开动,那人突然把包打开,向车厢里的乘客兜售光碟。他想这真是个便宜买卖,无需场地还客源丰厚,只要不出站,几块钱的车票就能在地下卖一天……不出站?他兴奋地想,那快递也可以这样啊!只要在地下专设几名快递员,用手机短信和地面上的快递员联系,在地铁的出入口进行交接,那么,不是能将地铁交通费省下一大笔么?地铁公司也没有不允许在出入口交接物品的规定啊!何况本公司主跑写字楼,递送的物品大多都是较轻的文件资料,交接是很容易的事情。

他把这个想法跟公司一说,公司领导非常高兴,很快便进行了周密的筹划并加以施行,果然每个月能节省下一半以上的开支。对于这样一个肯为工作思考的快递员,公司自然也很赞赏,并愿意给他机会承担更为重要也更需要积极思考的工作，升职加薪理所当然。这位快递员后来成为一家全国著名地产公司的高管。

工作是一个复杂多变的脑力运用过程，如果总是一根筋，一条路走到黑，死板僵化，不懂得变通，不懂得用心思考，去找到解决问题的第三条路，是不可能做好工作的，当然也就不可能让自己在工作中表现得优秀和卓越。只有会思考、善思考的智慧型员工才能出类拔萃。

做智慧型员工要学会换个角度来思考，不要被思维的定式束缚，一本通书读到底，而要换个方式思考问题，转换一下思路，情况就会改观。

著名的化学家罗勃·梭特曼发现了带离子的糖分子对离子进入人体是很重要的。他想了大量方法来证明这一点，但都没有成功。直到有一天，他突然想起不从无机化学的观点，而从有机化学的观点来看这个问题，问题迎刃而解。

作为在平凡生活中追求财富和梦想的普通人，换一下解决问题的方法所取得的成效，其实并不亚于科学家们的新发现。

你看，不用硝烟弥漫，更不用刀剑相向，也不必自己离开，只不过是换了解决问题的方式，就能皆大欢喜，各得其位，何乐而不为？许多最有创意的解决方法都是来自于换一个角度想问题。在对待同一件事时，我们要学会从另一面甚至相反的角度去解决问题。爱因斯坦说过：**“从新的角度来看一个旧的问题是需要创意和想象力的，这成就了科学上真正的进步。”**

我们知道，八面玲珑的人是不会死守教条的，他们的特点就是善于变通。美国辛辛那提大学的乔治·古纳教授，在他讲授秘书学时提供了这样一个案例：

有一天，一家公司的经理突然收到一封非常无礼的信，信是一位与公司交往很深的代理商写来的。

经理怒气冲冲地把秘书叫到自己的办公室，向秘书口述了这样一封信："我没有想到你会这样给我写信，你的做法深深伤害了我的感情。尽管我们之间有一些交易往来，但是按照惯例，我还是要把这件事情公布出来。"

经理叫秘书立即将信打印出来并马上寄出。

对于经理的命令，这位秘书可以采用以下四种方法：

第一种是"照办法"。也就是秘书按照老板的指示，遵命执行，马上回到自己的办公室把信打印出来并寄出去。

第二种是"建议法"。如果秘书认为把信寄走对公司和经理本人都非常不利，那么秘书应该想到自己是经理的助手，有责任提醒经理，为了公司的利益，哪怕是得罪了经理也值得。于是秘书可以这样对经理说："经理，这封信别理它，撕了算了。何必生这样的气呢？"

第三种是"批评法"。秘书不仅没有按照经理的意见办理，反而向经理提出批评说："经理，请您冷静一点，回一封这样的信，后果会怎样呢？在这件事情上，难道我们不应该反省反省？"

第四种是"缓冲法"。就在事情发生的当天下班时，秘书把打印出来的信递给已经心平气和的经理说："经理，您看是不是可以把信寄走了？"

乔治·古纳教授在教学中选择了第四种"缓冲法"。

他的理由是：第一种"照办法"，对于经理的命令忠实地执行，作为秘书确实需要这种品质，但是"忠实照办"，仍然可能是失职。第二种"建议法"，这是从整个公司利益出发的；对于秘书来说，这种富于自我牺牲的精神是难能可贵的，可是这种行为超越了秘书应有的权限。第三种"批评法"，这种方法的结果是秘书干预经理的最后决定，是一种越权行为。而第四种"缓冲法"，则是一种最折中的、于三方都有利的方法，这是善于变通在工作中的体现，反映了一个下属机敏灵活的处事头脑和审时度势的工作能力。

灵活变通还表现在细分工作上，懂得如何选择工作，统筹兼顾。有人认为，既然计划的实现要靠勤奋的工作，就应义无反顾地投入到工作中去。结果工作一件接一件，也来不及分辨，整天埋没于工作中，出不了头。记住，工作是手段、是工具而不是最终目的。不被工作役使的人才真正具有成长的潜力。

在弗莱明以前，就有其他科学家见过青霉素菌能抑制住葡萄球菌的现象；在伦琴以前，已经有物理学家注意到X射线的存在；伦琴家乡的不少人都知道感染过牛痘的人能免生天花，特别是那些挤奶工。但是，由于他们都没有学会灵活地思考，全被过去的经验蒙住了眼睛。

工作需要灵活，需要机巧。国外的一些企业，在开展公共关系活动时，热衷于制造具有新闻价值的事件，以引起媒介的关注。企业善于借这类事件的影响，借新闻记者的口和笔名扬四方，扩大产品销量。这也正是运用灵活思维的一个表现。

美国联合碳化钙公司的产品一度滞销，公司为此十分担忧。

正在这时，一群鸽子飞进了公司总部大楼的一间空房子里。公司有关人员顿生灵感，下令关闭门窗，不让一只飞去。随后，立即打电话通知“动物保护委员会”派人前来救援，并电告各新闻机构。果然新闻界被惊动了。电视台、电台、报社纷纷派记者进行现场采访。从小心翼翼地捕捉第一只鸽子起，到最后一只鸽子受到保护为止，前后共花了3天时间。

3天之中，新闻媒介作了一系列绘声绘色的报道。结果可想而知，该公司不但提高了知名度和美誉度，它所经营的碳化钙也转而畅销起来。

试想，如果缺乏灵活的思维，怎么能利用这“飞”来的大好机会？只能看着鸽子和机遇悄悄地飞来，又默默地飞走。

所以说，你平时要留心周围的小事，培养敏锐的洞察力。牛顿不放过苹果落地、伽利略不忽视吊灯摆动、瓦特研究烧开水后的壶盖跳动这些似乎司空见惯的现象所产生的巨大发现和贡献就是这方面的典型事例。在日常生活中，常常会发生各种各样的事，有些事使人感到惊奇，引起多数人的注意；有些事则平淡无奇，许多人漠然视之，但这并不排除它可能包含有重要的意义。

把你不寻常的离奇的想法说出来，把它们从头脑中解放出来。一旦它们进入到交流领域之中，便能够免受无意识领域中自我审查机制的摧残。只有这样做，才能使你有机会更仔细、更充分地去探索、审视和品味，去发现它们真正的价值所在。

在德国，有一个造纸工人在生产时，不小心弄错了配方，生产出了一批不能书写的废纸，因而他被老板解雇。正在他灰心丧气、愁眉不展时，他的一位朋友劝他说："任何事情都有两面性，你不妨换一种思路看看，也许能从错误中找出有用的东西来。"于是，他发现这种纸的吸水性能相当好，可以吸干家用器具上的水分。接着他把纸切成小块，取名"吸水纸"，拿到市场上卖，竟然十分畅销。后来，他申请了专利，并因此发了大财。这位工人在朋友的劝说下，变换一种思路，变废为宝，从一堆废纸中找到了生路。

在现代社会上，成功者的成功只有30％取决于他的知识和技术，而另外70％则是灵活能力，灵活不是没有原则，恰恰是在有原则的基础上加些灵活的因素可以使你在竞争中占有上风，但是灵活的分寸就需要你靠自己的经验和智慧去把握了。

学会灵活并不是件容易的事情，灵活是一个人综合素质的体现，另外也有些先天的成分，很多人从小就很聪明灵活；另外有些人，你怎么教他也不成，在他们眼里，未来只有一个方向，世界只有一个样子，这样的人难成大器。要想在这个竞争激烈的社会上生存，就要学会灵活多变，做一个懂得变通的人，才能以智取胜，否则通往成功的路途也会崎岖难行。要想成功,就要学会变通,做一个多变、会变之人。我们如何提高自己的变通能力,做一个善于变通的智慧型员工呢?

1.学会变通要审时度势、打破常规

19世纪上半叶,美国西部风行淘金热,人们都涌向西部,梦想着一夜暴富。有一个人本来也准备去凑热闹,可是一看早已人满为患,于是灵机一动,专门经营矿山机械的销售和维修,后来他的事业及取得的成就,远远超过了那些涌去淘金的人。他的成功正是缘于他能及时转换思维角度,学会了变通。

不要怕自己的思想与大众潮流格格不入,更不用担心自己的思维不合常理。要变通、要创新非打破常理不可。

2.学会变通要借助外力为我所用

一个人不管有多大本事,个人的力量毕竟是有限的,但是却可以借用外力,使自己强大起来,这也算是一种变通。

有一则笑话讲一个大汉在大街上喊:"谁敢惹我?"看到这位膀大腰圆的大汉,人们纷纷闪开。这时来了一个更强壮高大的大汉,他走了过去,大叫一声:"我敢惹你!"原先的大汉沉思了一会儿,便回答说:"那好吧,谁敢惹咱俩!"围观的人群本想让两个大汉较量一番,没想到他们竟联合起来。虽然一台好戏没看成,但大家悟出一个道理,借助别人的力量,自己就可以变得强大起来,这就是借的变通术。

3.学会变通要有勇气应对变化

勇气是什么?勇气是一个哨音、一声呐喊、一个命令,它的作用就是调动起自己全部的能力去迎接变化和挑战。有一个美国人曾对数百个百万富翁做过一番调查,发现这些百万富翁并非都是名牌大学毕业,其中不少人是智力平平者,然而他们创新的勇气却大大超过前者。勇气是人的一种非凡力量,它虽然不能具体地去处理某一个问题,克服某一种困难,但这种精神和心态却能唤醒你心中的潜能,帮助你应对一切变化和困难。

4.学会变通要有信心开发潜能

所谓信心，就是一种心态潜能。一个人对自己充满信心的时候，常常就是他获得成功的时候。有一位心理学家指出：**“人的天性里有一种倾向：如果将自己想象成什么样子，就真会成为什么样子”。**也就是说，如果你是一个充满信心的人，你有信心克服困难，有信心处理问题，有信心获得成功，那么，你身上的一切能力都会为你的信心去努力，你也就有可能成为你所希望的那样。

5.学会变通要善于改变自己的思维定式

人的思维方式，常常出现两大定式：一是直线型，不会拐弯抹角，不会逆向思维和发散思维；二是复制型，常以过去的经验作为参照，不容易接受新鲜事物。西方有一句谚语：“上帝向你关上一道门，就会在别处给你打开一扇窗。”只要我们不拒绝变化，并且善于变化自己的思维习惯，善于改变自己的观念，我们就能走出困境，进入新的天地。

实践证明，不管你是觉察到还是没有觉察到，不管你是愿意还是不愿意，每个人时时刻刻都在寻求变通。所不同的是，善于变通的人越变越好，而不善于变通的人却是越变越差。我们只要掌握了变通之道，就会应对各种变化，在变化中寻找到机会，在变化中取得成功。

第六章　大胆创新，勇于发明：让思想开花结果

点子是思考的结果，方法是思想的结晶，创新和发明就是思想开出的绚烂之花。创新和发明并不神秘，每一个勤于思考、善于思考的人都有可能得到精彩的创意，都有可能做出独特的发明，为岗位添彩，为工作增光，为企业创造效益，让自己优秀而卓越。

1. 每一个平凡的岗位都可以成为创新的舞台

创新是一个永远不老的话题，创新是不断进步的最大动力。创新并不是少数天才者的权利，每个人都能创新。敏锐地发现人们没有注意到或未重视的某个领域中的空白、冷门或薄弱环节，改变思维，突破定式最终找到最精彩最有创意最能促进进步和发展的亮点，就是创新。

事实上，创新并不只属于科研人员，创新无处不在，人人都可以创新，人人都有创新的经历，人人都可能获得创新的成果，不管成果的大小。

每一份工作都可以成为我们创新的发力点，每一个平凡的岗位都是我们创新的舞台。只要我们端正态度，真正解放思想，找准位置，从身边创新做起，从岗位创新做起，坚持下去，我们就会赢得创新的质量和效率，就能感受创造的充实和价值。

不要以为自己的岗位平凡，创新和发明就与自己无关。只要有认真细致的工作态度，有善于思考、勤于思考的习惯，有运用智慧、敢于创新的精神，一样可以创新，一样可以做出不同一般的业绩。不论什么样的岗位，不论怎样平凡的岗位，都一样可以成为你创新和发明的舞台。

2007 年 2 月 27 日，国家科学技术奖励大会在北京人民大会堂隆重举行。在这个科技精英荟萃的大会上，一位普通工人走上了领奖台，接过了国家科技进步奖二等奖的奖状，成为全国第一个获此殊荣的一线工人，并受到胡锦涛总书记、温家宝总理等党和国家领导人的亲切接见。他就是一汽大众公司钣金维修工——王洪军。

"我没有想到能得到这么高的荣誉，我只是在平凡的岗位上搞了一些发明和创新。"王洪军谦逊地说。可就是这些在平凡岗位上的发明创新，让许多外国专家都赞叹不已。大众公司的一位德方经理迈特这样评价王洪军："他的创新精神值得我们学习，他是我见过的大众集团全球范围最优秀的工人。”

时年37岁的王洪军，在钣金整修这一岗位上已经整整工作了17年。

以前，一汽使用的整修工具完全是从德国进口的，一套工具就得5万元左右，而且有些缺陷还无法修复。为了让车身修复达到理想的效果，王洪军开始想办法自己制作工具。王洪军试探制作的第一件工具是修理车身侧围和顶盖的钩子。这个钩子投入使用后，效果非常好，大家都说用起来顺手、有效。从此，王洪军对制作工具着了迷。白天在工厂修复车身，晚间就琢磨制作工具，然后再拿到现场反复调整。他制作的工具技术含量也越来越高，由Z形钩、T形钩等单件工具，到多功能拔坑器等组合工具。17年来，王洪军共制作了47种2000多件工具，满足了多种车型各类缺陷的修复要求，使整车质量、生产效率都有了很大提高。

王洪军在发明制作工具的同时，又开始着手探索快捷有效的钣金整修方法。他把自己掌握的整修技能和研制的一些先进方法和技巧进行整理、归类，创造出了47项123种非常实用又简捷的轿车车身钣金整修方法，并整理出版了《王洪军轿车车身返修调整方法》一书。2003年4月王洪军的方法通过了一汽—大众中、德质保专家组织的评审和鉴定，被正式命名为“王洪军轿车快速表面修复法”。专家一致认为，王洪军的快速修复法对车身表面钣金修复和调整具有重大的实用价值，居国际先进水平。

仅仅5年来，企业用王洪军的工具和修复法所创造的直接经济价值，就高达3400多万元。

在一汽，除了钣金维修技术，王洪军的展车制作技术也让外国专家折服。展车制作对操作者来说要求非常高。2003年以前，一汽一大众的展车每年都要花费大笔资金聘请德国专家来做。为了给公司节约资金，王洪军开始利用一切机会学习、揣摩做展车的技术。外国专家一动手干，他就在边上仔细看，专家下班了，他就在废件上反复练。经过几年积累，他熟练掌握了10种展车制作方法。2003年，一汽一大众采用了王洪军做展车的方法，两周内就出色地完成了德国专家通常需要1个月才能完成的任务，结束了公司每年要花费大笔外汇聘请德国专家做展车的历史。近3年来，王洪军共制作展车近200台，为公司节约费用700多万元。

十几年来，王洪军带了很多徒弟。在他的精心培养训练下，一汽目前已形成了一支200多人的高技能钣金整修队伍，成为生产精品轿车的精锐部队。他的很多徒弟都成了钣金整修的专家，成为所有车型整修线上分兵把口、攻坚克难的带头人。

王洪军用他的智慧和汗水为一汽争得了荣誉，为祖国的汽车工业作出了杰出贡献。他先后荣获省级及全国"五一"劳动奖章，荣获全国技术能手等荣誉称号。

为大力弘扬王洪军的自主创新精神，激发一线劳动者爱岗敬业、锐意进取的劳动热情，争做新时代的知识型、技能型、专家型的优秀员工，全面推进吉林老工业基地振兴，2007年4月19日，省委、省政府决定，在全省干部群众特别是广大产业工人中，广泛开展向王洪军同志学习的活动。

每个岗位都是创新的阵地，都是我们创新的舞台，都存在着很大的创新空间，有人看到了，有人看不到，关键看他是不是有心人，是不是有志之人，是不是有激情的人，是不是敢创新的人。

1987年从宝钢技工学校走出来的王军，用20年的时间完成了从一名普通劳动者到工人专家的身份转变。2007年度"国家科技进步奖二等奖"再次"认证"了他人生的价值。

“用心就会带来创新，小岗位也有大舞台。”在王军的手中，已有50多项专利获得国家专利局的受理和授权。这位辅助工种岗位上的一线工人，也为宝钢创造了数额惊人的利益。仅仅他负责并获得此次国家科学技术奖的“高强度全密判热轧矫直机支承辊技术”项目，就打破了依赖进口或仿制外国产品的局面，通过技术转让先后在许多企业推广，三年创造直接经济效益1.6个亿。

一个人1.6个亿。王军用创新证明了一个新时代技能型、知识型工人的身价。

岗位，就是员工创新的舞台，像王洪军、王军这样立足岗位、大胆创新的职工大有人在：许振超、白国周、孔祥瑞……一个又一个岗位创新、岗位成才的典范，都在向我们昭示着创新的活力、创新的魅力。

工作再普通，岗位再平凡，我们一样可以创新，可以把工作作为创新的舞台。创新不管在哪里都可以进行，只要你在工作中有思想、有见地、有敢于创新的精神，不管在什么样的岗位，都能创新。修建青藏铁路，很多人都以为是个简单不过的事，但是我们的技术工人们却完成了数十项技术创新，解决了很多世界性难题；北京奥运会场馆建设，也是看似平凡的场馆建设，却一样诞生了无数的科技奇迹，又诞生了多少科技奇迹，激发出多少人类智慧。所以只要我们把“岗位创新”作为改进工作、提升业绩的一个突破口，我们一样可以创新、一样可以创造辉煌。

2. 激荡脑力，让独特的创意为工作添彩增光

现在，商界竞争越来越激烈，一些小企业或者小公司只有不断运用新奇的点子，才能在大集团、大公司的夹缝里寻求生存的机遇，顺应发展，获得成功。**有时哪怕只是一个小小创意，就可以在激烈的竞争中胜出，使创意绽放异彩。**

海尔集团西宁冷柜的产品经理李彬在2005年10月得知中国移动西宁公司要在年底推出一个活动:存1万元手机费,送5000元话费!

移动公司的这一活动引起了李彬非常浓厚的兴趣:他决定要拿下这笔订单!

你或许有点糊涂,西宁移动公司不是推出话费优惠活动吗?跟冰柜有什么关系?

然而,李彬却把这件事情跟自己的工作联系了起来。

李彬了解到:西宁的经济不算发达,手机对当地人来说,是地位与身份的象征。

掌握了这些西宁经济特点的信息还远远不够,李彬又去了解了移动用户的信息:一些经济富裕的移动用户自己一年的花费不到1万元,再送5000元也花不出去,就白白浪费了,因此他们这样的人对移动公司的这个活动并不是很感兴趣。

了解到这些情况后,李彬立即做出了自己的方案:

假如移动公司赠送的话费可以买海尔冰柜,那么,对移动公司而言,活动的可行性、吸引力就会很大,参与活动的移动用户也会很多;而对移动用户而言,赠送的话费不仅不会浪费掉,而且还会有"意外收获"!

李彬的方案提出后,马上得到了移动公司的认可。就这样,这笔相当于西宁工贸冷柜平均月销量两倍的大订单被李彬拿下了!

现在,你明白李彬的想法了吧!你是不是发出了这样的感叹:我怎么没想到呢?不仅你没想到,一般人都不会想到。然而,李彬却想到了。他把两个毫不相关的事情联系到了一起,让自己的生意做得有声有色。

在人类发展史上,许多最有价值的发明一开始似乎都是些不大可能的想法,例如,尼龙粘扣的想法就来源于发明者穿过一片田地时,粘在他裤子边上的生毛刺的野草。具有黏性的便条，是偶然发现不太有黏性的胶粘剂的结果。1928年，一个初出茅庐的会计师W. E. 笛墨在业余时间用树胶的处方做实验，无意间做出了第一批口香糖。

独特的创想总是在能让人耳目一新的同时带来惊人的效果，这也是为什么当今世界越来越重视创新的原因之一。

安徽省凤阳县板桥镇二铺片农民有种植优质水稻的传统习惯和成功经验，蒋立芹也不例外。蒋立芹引进了十几个良种试种，良种加上良法，蒋立芹的水稻获得了大丰收。她喜滋滋地拉着籽粒饱满、质地优良的水稻到粮食站出售，可谁想到粮食部门嫌种植面积小，不好单独按特优价收购，有的品种由于不能混杂还不予收购。这下，蒋立芹又犯愁了，看来还得自己找销路。

几宿没睡好觉的蒋立芹苦思生良策，城里人不是讲究营养均衡吗？于是蒋立芹把几个特优水稻品种分别加工成优质大米，然后把这些不同类型的优质米按一定的比例混合成色、香、味、营养均衡的配方米，再用印有"特优香米"字样、图案精美的小编织袋，按每袋5千克的分量包装好，用车拉到城里去卖。起初生意不怎么好，蒋立芹又想了一个好办法。第二天，她带了个电饭煲出门推销，一边现煮饭，免费供顾客品尝，一边卖香米。"特优香米"以独特的浓郁清香和诱人色泽招来了不少饭店老板和家庭主妇。他们边品尝、边购买，不到半天工夫，几百袋小包装"特优香米"就以每千克7元的价格被抢购一空。一些迟到的餐馆老板还纷纷和蒋立芹订合同，包销其生产的特优香米。

不过多了一个小小的创意，效果就大不一样，这就是为什么创意能为工作添姿增彩的原因。

创新并不神秘。顺势而为、反常而行可以创新；"倒行逆施"，打破常规，也可以创新；随手拈来、灵光一闪也可能创新，有道是"条条道路通罗马"，精明的企业和员工人绝不会沿着一条道走到底。认准目标，旱路不通走水路,大路不通走小路,只要有全新的思路,往往就能产生全新的创意、全新的结果。

王伟在一家广告公司做创意文案。一次,一个著名的洗衣粉制造商委托王伟所在的公司做广告宣传,负责这个广告创意的好几位文案创意人员拿出的东西都不能令制造商满意。没办法,经理让王伟把手中的事务先搁置几天,专心完成这个创意文案。

接连几天,王伟在办公室里抚弄着一整袋的洗衣粉,想:"这个产品在市场上已经非常畅销了,人家以前的许多广告词也非常富有创意。那么,我该怎么下手才能重新找到一个点,作出既与众不同、又令人满意的广告创意呢?"

有一天,他在苦思之余,把手中的洗衣粉袋放在办公桌上,又翻来覆去地看了几遍,突然间灵光闪现,他想把这袋洗衣粉打开看一看。于是他找了一张报纸铺在桌面上,然后,撕开洗衣粉袋,倒出了一些洗衣粉,一边用手揉搓着这些粉末,一边轻轻嗅着它的味道,寻找感觉。

突然,在射进办公室的阳光下,他发现了洗衣粉的粉末间遍布着一些特别微小的蓝色晶体。审视了一番后,证实的确不是自己看花了眼,他便立刻起身,亲自跑到制造商那儿问这到底是什么东西,得知这些蓝色小晶体是一些"活力去污因子"。因为有了它们,这一次新推出的洗衣粉才具有了超强洁白的效果。

明白了这些情况后,王伟回去便从这一点下手,绞尽脑汁,寻找最好的文字创意,因此推出了非常成功的广告。

创新思维的开启始于创新的意念。有了创新的意念,才能将创新更好地付诸行动。创新思维是可以培养的,只要拥有创新的意念,整天想着去发现,创新的念头和思路就会源源不断地涌现出来。

2002年2月,时值春节,蒙牛液体奶事业本部总经理杨文俊在深圳沃尔玛超市购物时，发现人们购买整箱牛奶搬运起来非常困难。

由于当时是购物高峰，很多汽车无法开进超市的停车场，而商场停车管理员又不允许将购物手推车推出停车场，消费者只有来回好几次才能将购买的牛奶及其他商品搬上车，这一细节引起了杨文俊的重视。

此后，杨文俊就不断在思考这件事情，想着怎样才能方便搬运整箱的牛奶。

一次偶然的机会，杨文俊购买了一台 VCD，往家拎时，拎出了灵感：一台 VCD 比一箱牛奶要轻，厂家都能想到在箱子上安一个提手，我们为什么不能在牛奶包装箱上也装一个提手，使消费者在购物时更加便利呢。

这一想法在会上一经提出，就得到了大家的认同，并马上得以实施。

这个创意使蒙牛当年的液体奶销售量大幅度增长，同行也纷纷效仿。

创意比魔法还要神奇，创意就是智慧的结晶，创意是闪烁的灵感，创意是非同凡响的构想，创意是玩转财富的魔方。许多成功的富豪们都有靠创意立足的故事。

在奥斯维辛集中营，一个犹太人对自己的儿子说："我们的家没有了，所有的财产没有了，现在我们的唯一财富就剩下智慧了，当别人说 1 加 1 等于 2 的时候，你应该想到大于 2。"

幸运的是，在奥斯维辛，50 万犹太人被纳粹毒死了，但他们父子俩却奇迹般死里逃生。

1946 年，他们乘轮船流落到美国。在休斯敦做起了不太起眼的铜器生意。有一天，父亲问儿子："现在一磅铜的价格是多少？"儿子想都没想回答说："35 美分。"父亲一听勃然大怒说：

“对，一磅铜35美分。这是每个得克萨斯州人都知道的价格，但作为犹太人的儿子，你应该回答是3.5美元，不信，你可以把一磅铜铸成门把手去试试！”

二十多年后，父亲去世了，他的儿子独自经营着他的铜器生意。他把收来的废铜做成铜鼓、瑞士钟表上的簧片，甚至做成过奥运会的奖牌。最富传奇的一宗生意是，他曾把0.5千克铜卖到3500美元的天价。

1974年，美国政府决定向社会广泛招标，以清理翻新自由女神像堆积的废料。但几个月过去了，没有一个人愿意来理睬那堆垃圾似的废料。正远在法国旅行的他听说后，立即飞往纽约，匆匆看过自由女神像下堆积如山的废铜块、螺丝和木料后，他果断地在招标书上签了字。

他的这一“傻瓜”壮举，引起许多运输公司的嘲笑，因为在纽约州，垃圾的处理有很严厉的规定，稍有不慎就会被虎视眈眈的环保组织起诉，一旦惹上环保组织，那娄子可就捅大了。就在许多人都在幸灾乐祸地等待这个得克萨斯傻瓜怎样落荒而逃时，他开始组织工人对废料进行仔细的分类。他把那些废铜熔化掉，铸成微型自由女神像；把木头加工成微型自由女神像的精巧底座；废铅、废铝做成纽约广场的钥匙；最后，他甚至把从自由女神身下扫下的灰尘都包装起来，出售给纽约的各个花店。不到三个月的时间，经过他的手，这堆无人问津的垃圾废料就奇迹般地变成了350万美元，每0.5千克铜的价格整整翻了一万倍。

这个让垃圾变成巨额财富，让纽约和全世界都惊讶不已的人，就是麦考尔公司的董事长。“这个世界上没有什么垃圾，在我的眼里，只有黄金！”他在接受电视采访时微笑而自信地说。

废铜是可以变成黄金的，只需要我们换一种思路和眼光，只要我们一个小小的创意。

这样的创想真是让人叹为观止！如果没有强烈的创新意识，没有独特的创意构想，没有打破常规、敢于冒险的精神，这样的精彩又哪里可寻呢？

在工业化时期，经验也许是员工迅速取得新业绩、迅速胜任新工作的重要保证。但是，**经济和社会发展到信息时代，经验已不再至关重要了，取而代之的是创新精神。**这主要是由于知识大爆炸、技术更新和资讯传播速度更快所致。在这种情况下，一个员工只有富有创新精神，才能跟上时代步伐，并推动企业与时俱进。敢于创新，大胆创新，是企业所需要的，也会让你与众不同，变得优秀而卓越。

3. 立足岗位，发挥潜能大胆创新

岗位是我们创新的舞台，那我们就应当好好利用这个舞台，充分发挥自己的潜能，运用自己的智慧，做一场精彩的创新表演，为企业、为单位带来高效益。

不要认为自己的岗位就是机械地工作，没有任何创新、革新、发明的余地，只要我们用心去想，仔细分析，认真思考，一样可以找到革新的突破口，立足岗位，开展革新活动，为企业带来可观的效益。

诺基亚公司手机研发部的职员彼得最近几天总是闷闷不乐，同事见他一副眉头紧锁的样子就开玩笑道："彼得先生哪儿都好，就是太不知足了。你也不想想，咱们研发部只要完成了公司下达的研发任务，薪水就能比生产和销售部拿得还多，应该高兴才对啊！"

另一个同事也嘻嘻哈哈地接口道："这次的任务只是改进一下机型，这么简单的任务哪能难住我们的天才彼得先生啊！"

彼得说："我不是为了薪水想不开，也不是为了公司派给的任务，我是在想，我们整天坐在研究室里，除了完成上面派给的任务,改进一下机型,就什么事也不做了。现在手机市场竞争这么激烈,我们能不能主动做一些工作,给公司拿出些新颖的创意?”

同事无奈地说:“喂,彼得,不要痴人说梦了!现在诺基亚手机已经是世界著名品牌了,不管是技术性能,还是外观形象,都是一流的,还上哪里去找创意?”

即使同事们说的有些道理,但彼得还是暗下决心:我一定要在完成公司任务的基础上,主动而努力地工作,让诺基亚在自己的辛勤工作中有一个质的飞跃!

有了这个非同凡响的目标和想法以后,彼得每日里除了完成公司下达的任务,满脑子就都是考虑如何让诺基亚手机更符合消费者的需求。

有一天,在地铁里他有了一个惊人的发现:几乎所有的时尚男女,都佩带着手机、一次性相机和袖珍耳机。

这给了彼得很大的灵感:是否可以把这三种最时髦的东西组合在一起呢?果真如此的话,不是变得轻便而又快捷了吗?

第二天,彼得马上找到主管,对他说:“如果我们在手机上装一个摄像头,让人们在接听音乐的同时,把自己和外面他能见到的所有美好事物都拍摄下来,再发送给亲友,该是多么激动人心的事啊!”

主管因彼得的创意惊喜得高声叫道:“好样的彼得,我们马上就按你的想法着手研制!”

这种具有拍摄和播放音乐功能的手机在彼得的带领下,很快研制成功。它一推向市场,就备受青睐。

在自己的岗位上搞一点技术革新,并不神秘,也不是高不可攀的。其实我们每个人天生都有创造力,创造力是人类智慧的重要组成部分之一,诺贝尔奖获得者物理学家阿伯特·森特·乔尔吉认为:“**创造和发现即是**

见他人之所未见，想他人之不想。”

马东明是一家洗衣店的员工。他一直在思考怎样才能增加人们洗衣的次数。他知道很多洗衣店都要在每件烫好的衬衣领上加上1张硬纸板，以防止其变形。于是马东明便想：“我能不能对这张三角纸板进行改进，以使其更具价值呢？”

一天，他得到一个灵感，即在纸卡的正面印上彩色或黑色的广告，背面则加入一些别的东西：如孩子们的拼图游戏、家庭主妇的美味食谱或全家可在一起玩的游戏等。马东明把自己的想法告诉了老板，老板高兴地接受了他的建议，并立即采取了行动。有些家庭妇女为了搜集马东明的食谱，把原本可以再穿的衬衣也送来烫洗。此举不仅使洗衣店赚到一笔不小的广告费，而且也为洗衣店带来了巨大的经济效益。马东明的创新之举，不仅使他的业务量大升，他本人也因此而被老板提拔为助理。

我们只要充分发挥人的这一天赋，去发现他人之所未见，想他人之不想，就可以进行岗位技术革新和创造。**充分发挥创造力，勤奋敬业，使工作不断地增加亮点，不断地突破自我，不断地成功。**

廖基程在工厂劳动时经常看到，由于大部分零件的精密度都非常高，为了防止零件生锈，工人们都必须戴手套进行操作，而且手套必须套得很紧，手指头也要能灵活自如，这样一来，戴上脱下相当麻烦不说，手套还很容易弄坏。

为此，他常想，难道只能戴这样的手套吗？能不能改进一下？

有一天，他在帮妹妹制作纸的手工艺品时，手指上沾满了糨糊。糨糊快干的时候，变成了一层透明的薄膜，紧紧地裹在手指头上，他当时就想：“真像个指头套，要是厂里的橡皮手套也这样方便就好了！”

过了不久，有一天清早醒来，他躺在床上，眼睛呆呆地望着天花板，头脑里突然想到：可以设法制成糨糊一样的液体，手往这种液体里一放，一双又柔又软的手套便戴好了，不需要时，手往另一种液体里一浸，手套便消失了，这不比橡皮手套方便多了吗？

他将自己的这一大胆想法向企业做了汇报，企业领导非常重视，马上成立了一个研究小组，把廖基程也从生产车间调到了这个组里。经过大家反复研究，终于发明了这种“液体手套”。使用这种手套只需将手浸入一种化学药液中，手就被一层透明的薄膜罩住，像真的戴上了一双手套，而且非常柔软舒适，还有弹性。不需要时，把手放进水里一泡，手套便“冰消瓦解”了。廖基程勤于思考的行为终于得到了应有的回报。

别以为我们既不是决策者，也不是精英，就与创新无缘。只要立足自己的本职岗位，找准一个点，将最切合实际的、只是平日忽略了的、小小的改进运用到我们的工作中，也许就能发挥巨大的作用。要坚信：**创新不只是精英们的专利，每一个平凡的员工都能创新，只要有打破常规的思维，不怕冒险的精神，我们就可以创新，我们就有改变自己的机会。**

有人说，我只是一个普通的打工仔，机遇无论如何不会降临到自己的头上。其实不然，即使是普通的打工仔如果能够把握机会，有意识地创造机会，同样可以获利丰厚。江西籍打工妹罗冬香就是因为自己大胆创新创造机会，从而被浙江省东阳市著名企业——“朝龙”服饰公司聘为生产技术厂长，年薪60万元。

罗冬香的裁剪生涯是从1986年的一场车祸开始的，那次在乡办造纸厂工作的罗冬香一条腿骨断成了三截。但是，罗冬香没有自暴自弃，她相信天无绝人之路。在住院期间，一位朋友无意中给她捎来几本裁剪书，罗冬香开始学习裁剪。住院几个月，她足足剪掉了半人高的旧报纸，并且敢于出新，裁剪出的样式新奇，别出一格。出院后，罗冬香又回原来的工厂上班，由于她的腿成了畸形,厂领导特地把她安排到磅房工作。活儿虽轻松,但工资收入却很低,很难维持生活。

这年冬天,一位湖北的裁缝来到仙源乡开办缝纫培训班。罗冬香闻讯后,就到朋友那儿凑了些钱,跟着一群小姐妹报了名。两个月的学习快结束时,罗冬香连夜赶做了一件中山装,交给师傅检验。师傅看到衣服后,私下里对别人说,这小姑娘将来要抢我的饭碗。

1992 年,罗冬香应聘到温州"华士"服饰公司,开始了人生的又一次飞跃。在"华士"几个星期后,她就被调到设计部工作。同部门有七八名设计人员,都是名牌大学的毕业生。于是她除了向老师傅虚心求教,还利用业余时间阅读了大量的专业书籍,并参加了中国纺织大学的函授,硬是攻下了全部的课程。由于她在设计上敢于大胆创新,她所设计的欧式西服投放到市场后,马上成为一种时尚。因为在几次重大的技术革新中,她提出的设计方案均被采纳,年底她受到了公司的嘉奖。

1995 年 10 月,罗冬香辞职回家养病。一个月后,罗冬香再次回到温州。此时恰逢一家名叫"名绅"的服饰企业在筹办,经朋友介绍,冬香加盟"名绅"。

筹建之初,罗冬香成了实际上的主管,从车间设备安装到员工培训以及各项制度的完善,她都要一一去落实。

罗冬香出色的工作赢得了老总的首肯,他放心地把企业交给她去管理。一年后,"名绅"西服就拿到了国家质量技术监督局一等品的殊荣,并被浙江省消费者协会授予"消费者质量信得过产品"。

慕名而来请罗冬香"出山"的浙江省东阳市的青年企业家斯朝龙,是东阳市朝龙服饰有限公司总经理。2001 年初,他听到罗冬香和她当年在温州叱咤风云的传奇经历后,决定以年薪 60

万元聘走罗冬香这位打工妹，担任生产技术厂长。

创新并不是高不可攀的事，每个人都有某种创新的能力。而职场中的许多人都有一种惰性，没有创新精神，也就不可能有创新的行动。一切都按固定的模式去做，结果做来做去，平平庸庸，没有丝毫改变和进步。优秀的员工不会怕冒风险，因为心中有对企业的忠诚、对职业的热爱和对自己负责任的态度，还有对成功的热烈追求。敢于冒险，正是成功人士的基本素质。

现代企业最看重的就是具有创新能力的创新型员工，这样的员工是企业的未来和希望，是企业千金不换的珍宝，是企业最为看重的优秀员工。每一位老板都不喜欢按部就班的“螺丝钉”，老板们每天都在瞪大眼睛寻找在工作中懂得创新的人才。所以聪明的敏锐的员工一定会认清形势，争做创新型的员工，立足岗位，发挥自己的聪明才智，大胆革新，为企业创造效益，也让自己在岗位上闪闪发光。

4. 创新不怕小，小创造小发明一样可以做出大业绩

技术创新，是挺热的一个词。与之相提并论的常常是高新技术、尖端技术。于是，一些中小企业或乡镇企业，自卑于简陋薄弱的开发条件，认为“庙小供不起大菩萨”，面对创新不敢为。有些企业却不屑于小产品的创新开发，更不注重企业内部工人的小改小革，认为小产品本小利小影响小，收益少难有大作为，小改革成不了大气候。在这些人的眼里，技术创新被“神秘化”了，似乎只有高精尖的东西才是创新，其结果是，高不成，低不就，影响了企业技术创新工作的健康开展。

其实，对于企业来说，创新存在于每一个细节之中，小发明、小创造、小改革同样也是创新。而且，有时候小改革所起的作用也并不比“大改革”逊色多少。目光长远的企业很早就发现了员工创新能力的巨大潜能，很早就利用职工的发明创造为企业增加效益。

日本丰田公司以不断创新闻名于世。丰田公司原以研制纺织机械为主,1929年正值世界纺织业兴旺之时,毅然转向汽车工业,比美国的福特公司晚半个世纪,也比日本第一部轿车"ARROW"晚了20年。但丰田以其不断出新的技术和产品,最终成为日本汽车工业的老大,坐上了今天世界汽车工业第三把交椅。

在丰田公司,创新有着旺盛的生命力。早在1951年,丰田公司就开始推行了"动脑筋、提方案"制度,以每项方案500日元到20万日元不等的奖金鼓励,动员每个员工提革新方案。1998年共提出70万条方案,平均每个员工10个方案,而且90%以上被采纳了。这些方案绝大部分是一线工人提出、经专业人员的不断改进和完善而形成,而且有些方案具有很高的使用价值和经济价值。

小发明常常会解决大问题,特别是一线工人,由于处于生产的最前沿,因而他们的创新和发明更多的是着眼于实际,着力解决生产和生活中的问题,所以这些小发明小创新往往能解决生产和生活中的大问题,为企业带来可观的效益。

现在北京市的很多老旧社区都在陆续安装门禁系统,这是一件挺让社区居民高兴的事儿,可要是一停电,这门禁系统就形同虚设了,推门就能进,社区居民都觉得非常不安全。南池子社区一位居民马先生想了个好办法,解决了这个问题。

在一个平房院里,马先生为大家做了现场演示——在门禁上有一个旋钮,拧动这个旋钮之后,门就可以打开,将门关上之后,把电断开,如果不拧旋钮,门还是打不开,也就是说在断电的情况下这个门禁依然起作用。

马先生说,自己以前是在杂技团作道具研究工作的,经常制作声光电之类的道具,所以对这些比较熟悉。这个门禁系统的原理就是在门禁上加一个电瓶，再将220V的电变成直流12V，其实跟应急灯的道理是一模一样的。现在马先生的这个发明技术已经在全社区进行推广了，社区居民再也不用担心停电后的不安全问题了。

任何一个敢于思考、勤于思考、善于思考的员工，都可以创新，并且这种创新都是最具有实用性的、最能解决问题的创新和发明。上海宝钢一位普通的修理工人就是立足自己的岗位、着眼解决实际问题、大胆发明创新的员工典范。

孔利明，人称“孔发明”，1951年出生，17岁下乡，1984年回城到宝钢运输部当工人，现为宝钢运输部电气高级技师，是上海市拥有职务发明专利最多的人。一个只有初中文化水平的普通汽车电气修理工，在宝钢这个现代化的钢铁企业里，却演绎了一个又一个令人惊叹的发明故事，成为成果赫赫、贡献卓著的“全国十大杰出职工”、劳动模范、发明大王。这就是立足岗位、勤于思考的结果。

宝山钢铁总厂是我国改革开放中兴建的大型钢铁联合企业，引进了当时国际上最先进的技术和设备，包括承担生产运输任务的大部分重型车辆，都是从国外引进的。

孔利明那时刚进厂不久，在运输部当汽车电气修理工。工作中他发现，进口汽车的部分易耗件用量很大，而国外备品又价格高昂，如进口蓄电池的使用寿命是国产品的2倍，但价钱却是6倍。这让孔利明心痛不已，于是向厂里建议使用国产配件。可驻厂的日本专家却一口咬定：中国蓄电池无法在进口车上使用，必须从日本进口。孔利明想跟专家问个究竟，但日本人根本不理他，分派他去干些杂活儿了事。孔利明咽不下这口气，利用业余时间悄悄地琢磨，做了大量实验，终于探索出进口车辆与国产蓄电池搭接使用的可行方案。孔利明的方案推广以后，效果非常明显，当年就为宝钢节省外汇 15 万元。

现在回想起来，孔利明说："那时候我们的技术和装备水平比较落后，对洋专家的结论有种迷信。其实任何技术和设备都存在改进的余地，进口设备也并不是高不可攀，这项改造技术难度并不大，却让我从此树立了信心。"正是这种不盲从、不迷信的探索勇气，使孔利明克服了一个又一个生产技术难题。

1998 年 9 月的一天，宝钢从美国引进的装载机启动电机的"头壳"突然断裂，随即掉进了发动机腔内。发动机上方只有一个手臂粗的洞口，有 1 米多深，"头壳"掉在什么地方既看不见，又摸不着，用磁铁也不行，因为发动机里面全是铁的。装载机马上熄火，"瘫痪"了。如果等美国专家来维修，每天停产损失就在 30 万元以上。就在大家束手无策之际，孔利明说了句"给我一晚上的时间"，揽下了拯救"洋机"的活儿。

回到家里，孔利明把自己关在"实验室"里苦思冥想，想不出一个有效的办法。迷迷糊糊天已发亮，由于劳累，他那胃溃疡老毛病又发作了，但是这胃痛的感觉却让他一下子计上心来：他想，寻找洞内异物得先探方位，犹如胃镜检查胃底的溃疡，那种不开刀的手术就是由内窥镜定位，再伸进手术刀进行操作，而现在机器的情形岂不雷同？他立即振作起来，打开"百宝箱"，找出平时悉心收集的电视摄像头、红外光源，利用胃窥镜原理，做了个简易的探视头。第二天，用孔利明的土办法，没拆一个螺丝钉，就顺利把断裂物从发动机中取出，卡特装载机顷刻之间恢复了工作。

"人生好比金字塔，底座越厚实，顶点就垒得越高。"只有初中文化的孔利明时时提醒自己，要努力学习，对新知识、新技术的追求永无止境。随着创新攻关领域的拓展，孔利明也在不断地更新自己的知识。上世纪 80 年代，孔利明家里和其他宝钢职工家里一样，陈设简朴，可有两处却近乎“奢侈”，这就是他家的报箱和家庭实验室。孔利明每年都要花费600多元钱订阅各种技术报刊、杂志，如《电子技术》、《汽车知识》、《无线电》，随着他的知识结构不断更新，又增加了《电脑天地》、《软件报》、《法律知识》……以跟踪最新的技术信息，垒实自己的“知识底座”。他30岁学英语、40岁学打字、50岁学电脑，硬是从一个只有初中文化水平的汽车电气修理工，成为宝钢运输部解决现场工作难题的“总指挥”，他每年总会搞出许多让人拍案叫绝的专利发明。

为了从问题中“觅宝”，孔利明家的书房变成了工作室，大大小小柜子如“百宝箱”，里面线路板、雷达、试剂等应有尽有。“孔发明”自己掏钱添置的精密仪器比家具还值钱，单价都在万元以上。身处这座“宝山”的孔利明，以一双随时捕捉问题的眼睛、一副穷追不舍的脑筋，把一个个问号最终变成惊叹号。

为了工作方便，孔利明投资为自己置办了数码相机、录音笔和笔记本电脑等现代工具，并经常将三件“宝贝”带在身边。这三样工具各有自己的电源和输入输出线，使用中很不方便。他反复琢磨，发明了数码相机充电连接器，仅用1个零件和3根电线就能让数码相机向电脑传送照片时兼带充电，并及时申请了专利。就在他申请专利3个月后，日本索尼公司也找到了这个窍门，兴冲冲来华申请专利，却发现被一个上海工人抢了先，无可奈何铩羽而归。

库存的成品钢卷常被腐蚀生锈，孔利明经过一段时间的观察，发现行车空调的冷凝水从高空飘下，洒落在裸露的成品卷上，形成斑斑锈迹。他和工友们动手设计了10多套方案，可没有一个满意的。那段日子孔利明经常在家里做试验，弄的家里到处都湿漉漉的。满室的水雾，使家中的电脑受潮坏掉了。正当孔利明百思不得其解时，家中的挂历《雾中黄山》让他豁然开朗，“如果让水变成冷雾，在冷轧厂温度这么高的环境里，冷雾就飘走了。”他马上动手，走进卫生间，用电炉对着房间加热，使房间与冷轧厂房内的环境相似；又加了一台风扇，让室内空气流通；接着利用机械震荡原理，使水变成冷雾……创新小组根据这一思路制作了一个蒸发器，顽症彻底解决了。

“孔发明”是个碰到问题就兴奋的人，据不完全统计，这些年来，孔利明累计为宝钢解决了各类设备的疑难杂症350余个，创造经济效益1500余万元；他发明的“废钢装卸防坠增效”和“启动点磁铁强最大值提示器”、“温控起重电磁铁”等多项技术，使宝钢港机作业安全率达到100%，效率提高了30%以上。孔利明研制的我国第一台“高温物性熔面自动定位仪”，实现了对高温熔面的自动定位，工作精度比原来提高了60倍。这项新颖的设计不但能应用于测试分析技术，还能广泛应用在化工、冶炼等高温熔面监测定位控制技术领域。另外，他还完成与日常生活有关的创新发明400多个。

也有人觉得孔利明的发明创造太简单了，如汽车转弯报警器等，都不是高难度的创新。其实，任何伟大的发明创造在产生之后似乎都变得简单，容易解释。孔利明的一些发明创造在技术上并不高难，也许有人早就想到了，但却没有做到，而孔利明却是想到了，做到了，发明创造也就出现了。孔利明就是这么一个想到做到的人。

孔利明坚信，“人人是创造之人，时时是创造之时，处处是创造之地”。在他的影响下，许多个创新团队在宝钢活跃起来了，孔利明也带了不少徒弟。开始时，徒弟都觉得搞发明太神秘了，而工人搞创新，难！徒弟们问：“您那么多灵感是从哪里来的？”“想，多想，千虑一得嘛。”孔利明经常用讲故事的方式启发诱导徒弟，让他们明白，发明创新就在身边。他常说：“发明创新就在身边，只有善于发现，才能不断创新”。

在孔利明的言传身教下，宝钢运输部科技创新小组像滚雪球一样越滚越大，发展到100多名骨干成员。许多工人成了发现问题的专家，甚至成为解决问题的专家，运输部1/10的工人因此成了专利发明人，至今已拥有100余项专利、286项技术改进，创造的经济效益超过5000万元。同时，孔利明还面向全国收了100多名徒弟，他们经常通过网络、电话交流创新发明的心得体会，有的徒弟也带起了徒弟。

职工创新的力量是巨大的，国家和企业都已深深地意识到了这一点。当前我国正在大力建设创新型国家、创新型社会，企业和员工的创新热情都很高，特别是在全国职工中广泛开展的“五小”创新活动，取得了很大的成绩，为社会、为企业带来了相当可观的效益。

“五小”活动是以“小发明、小改造、小革新、小建议、小设计”为主要内容的经济创新活动，是由工会组织，以提高经济效益和职工人才建设为目标，紧密结合企业技术进步和节能降耗，从小处入手，立足小改小革而进行的群众性技术革新、创造发明和献计献策活动。近些年通过在全国的大力推广，取得了极大的效益。一大批身处一线的平凡员工脱颖而出，成为岗位创新能手。

河南漯河市一直把“五小”活动作为职工经济技术创新活动的重要组成部分，鼓励员工围绕工程质量、解决工序配套、优化工艺结构、理顺生产流程、创造精品工程、控制成本费用等方面自主创新，成效显著。仅2008年就有技术水平高、实用性强、经济效益好的“五小”成果210项，这些创新成果创造经济效益3亿多元。据不完全统计，自2005年以来，漯河市通过职工“五小”活动创造经济效益10多亿元。

开展“五小”创新活动，使大批平凡的“小专家”、“小博士”、“小诸葛”等创新能手脱颖而出。王奇峰原是银鸽集团的一名看汽工。他采取合理控制程序的办法,把每生产1吨纸用汽4吨减少到3吨。而节省1吨汽即可节省130元,按照银鸽集团的生产规模,每年仅用汽量就可减少近40万吨,节约成本500万元。他还通过增加水温、改变喷水方式等办法,对造纸成型网和毛毯用水进行工艺改造,使每吨纸的用水量减少了近一半。王奇峰不仅获得了银鸽集团百万元创新基金的巨额奖励,还多次被评为“银鸽之星”,由集团公司组织到国外旅游考察,足迹踏遍了10多个国家和地区。

现在全国上下都开展了轰轰烈烈的岗位创新、岗位成才和科技“五小”发明创新活动,广大员工以极大的热情投入到这些创新活动中去,立足岗位,开展技术革新,搞发明,提建议,做出了许多惊人的成绩。

上海市开展的小革新、小发明、小改造、小设计、小建议,已成为全市各类群众性科技创新活动的重要成果。上海市总工会公布的统计数据显示,2006年全市各级工会共收到职工群众提出的合理化技术改进建议55.8万条,平均每月超过4万条。

别看这些“金点子”小,技术含量、经济效益、社会影响却毫不逊色。作为首批成为上海市劳动模范的外来务工者,朱雪芹提出的“金点子”非常具体:一条西裤,必须经过80套标准工序。可就是这样的“金点子”,不仅将西裤生产过程缩短至2800秒,而且提高了产品的质量,使企业连续多年没有出现次品。最终,这个名为“80套标准工序和2800秒出成品的分秒法”的“金点子”得到质监部门高度肯定。上海市劳模韩明明的“拳头产品”——具有自主知识产权的金属检测和除铁技术也缘起“金点子”:要改变进口金属检测器和除铁技术能耗高、损耗大、可靠性差的缺点,经过多年攻关,“金点子”变成了国家科技进步二等奖;用“金点子”生产的设备累计为其所在的宝钢集团节约资金4000多万元,并且出口日本、蒙古、泰国。

通过这种创新活动，层出不穷的“金点子”在社会上形成了一股不断创新的浓厚氛围。广大员工积极参与，纷纷献计献策，将自己的聪明才智和无限创造力转化成推动经济发展的动力。在2006年，上海市有7701项“金点子”成为技术革新项目，5313项“金点子”变成技术发明，1477项“金点子”成为先进操作法予以全面推进，1806项“金点子”作为技术攻关和技术开发正在进行。据不完全统计，各项“金点子”取得的经济效益已超过百亿元。

此外，源源不断的“金点子”还增强了一线劳动者的职业技能。近年来，通过广泛开展的技能培训、技术比武和各种“金点子”实施、交流活动，全市每年都有10%的技术工人在技能水平上提高一个等级，高技能人才占技术性人才的比例已由几年前的6%上升到15%。而今年，市总工会更是提出新的指标：要让5%的技术工人拥有第二项技能、8%的技术工人成为岗位或职业技能复合型人才。

小发明、小革新、小改进、小窍门、小建议、小节约……可别小看了这些“小”活动，在一个个创新成果的带动下，一批批协同工作的创新团队、创新基地不断涌现，一大批创新型员工脱颖而出。这些“小”活动引发的大效益使企业更加看重这些“小”活动，使“小”活动开展得更加丰富多彩、效益惊人。

京沪高速铁路开工后，中铁六局丰桥公司东光轨道板场全面落实“六位一体”为核心的标准化建设要求，把铁路建设的新标准、新技术、新工艺、新要求贯穿于施工的全过程。同时，板场成立了QC科技攻关小组，认真借鉴京津城际铁路CRTSII型板技术创新成果，积极进行新设备、新工艺的研发和创新，鼓励施工一线员工自主创新，在科技创新攻关方面取得了突破。

一是确定采用矿粉混凝土配合比。这种专用性能混凝土配合比技术，使混凝土在环境温度为28℃～32℃范围内养护16小时的抗压强度为52MPa，达到了放张强度，比采用复合掺和料的混凝土每立方节约74元，每块板共节约257元(复合掺和料按2000元/吨计算)，累计节约成本657万元。

二是自制钢筋网片绑扎胎具。板场自行设计了轨道板上、下层钢筋网片绑扎胎具，在胎具内部横纵交叉的槽钢和角铁上锚固木制凹槽，避免了对钢筋绝缘涂层的损坏，满足了钢筋间距设计要求，降低了劳动强度，提高了工作效率。

三是改变绝缘垫片码放方式。在钢筋网片绑扎中，由于绑线绑扎常常造成绝缘垫片的上翘，因而对质量有影响。板场QC小组经过认真研究和现场操作，决定将垫片朝上码放，极大地提高了工作效率和产品质量。

四是优化生产线作业方式。为了确保京沪总工期按时优质完成，板场将京津城际铁路时的台座流水作业改成了工序流水作业，工序流水作业保证了12～13小时内完成三个台座的施工任务，工人完全只需白天施工就能完成日产81块毛坯板的预制任务，避免了夜间施工对附近居民的影响，减少了人工费用投入。

五是自主研制新型端封拆卸专用工具。针对轨道板产品端封部位掉角难题，板场在不断地摸索过程中自主研发了新型端封拆卸专用工具，使脱模无破损或少破损，提高了工作效率和轨道板的外观质量。京沪济南指挥部将这项发明在二、三标各板场推广使用，并给予“绿牌”奖励。板场就此项发明申请国家专利，目前已通过核查并被受理。

除此之外，在施工中还有许多小创意、小点子，促进了施工生产，使无砟轨道更加美观大气。这些发明创造因它简单有效又节约成本，板场领导班子给予了大力支持，并在各工作面推广。项目部即将出台一个发明创造的奖励办法，鼓励员工发明创造，引导大家用思想用智慧去施工，用小发明、小创造解决施工中大难题，充分发挥集体的力量来赢得工程的全面胜利！

在轰轰烈烈的全国性创新活动中，一线工人无疑成为了创新发明的一支强大的生力军。工人在生产第一线，直接从事生产，对生产方式、生产方法，以及产品工艺、产品结构等方面的改进和完善最有发言权。广大工人的积极创新精神，正是一个企业不断创新的源泉。没有广大工人的创新，企业的创新就成了无源之水、无本之木。所以，企业也特别重视激发员工的创新热情，挖掘员工的创新潜能。

"东海 A 型线路板"、"彦明灭弧系统"、"金花焊线法"、"天祥断路器"……一大批以一线工人名字命名的发明创新技术在各个民营企业中涌现。仅人民集团从 2003 年实行"我的发明我命名"技术创新活动后，已有 40 多项创新工艺和新产品，每年能为企业增效数百万元。一线工人的创新热情和能力可见一斑。

在"创新创业"的进程中，广大一线工人是创新发明的生力军，每一个员工都可以成为岗位创新的能手，每一个员工都可以在自己的岗位上做出可喜的成绩来。不要怕创新小，小小的革新就能为企业带来可观的效益，也为自己的价值找到一个实现的路途。更不要认为小革新、小发明太"小"就不屑于去做，而要认真去做，扎扎实实地去做，带着思想去做，小发明小创新也一样可以做出大效益。

5. 大力培养自己的创新精神

创新精神是一种勇于抛弃旧思想旧事物、创立新思想新事物的精神。例如：不满足已有认识（掌握的事实、建立的理论、总结的方法），不断追求新知；不满足现有的生活生产方式、方法、工具、材料、物品，根据实际需要或新的情况，不断进行改革和革新；不墨守成规（规则、方法、理论、说法、习惯)，敢于打破原有框框，探索新的规律、新的方法；不迷信书本、权威，敢于根据事实和自己的思考，向书本和权威质疑；不盲目效仿别人想法、说法、做法，不人云亦云，不唯书唯上，坚持独立思考，说自己的话，走自己的路；不喜欢一般化，追求新颖、独特、异想天开、与众不同；不僵化、呆板，灵活地应用已有知识和能力解决问题……都是创新精神的具体表现。

创新精神是科学精神的一个方面，与其他方面的科学精神不是矛盾的，而是统一的。例如：创新精神以敢于摒弃旧事物旧思想、创立新事物新思想为特征，同时创新精神又要以遵循客观规律为前提，只有当创新精神符合客观需要和客观规律时，才能顺利地转化为创新成果，成为促进自然和社会发展的动力；创新精神提倡新颖、独特，同时又要受到一定的道德观、价值观、审美观的制约。

创新精神提倡独立思考、不人云亦云，并不是不倾听别人的意见、孤芳自赏、固执己见、狂妄自大，而是要团结合作、相互交流；创新精神提倡胆大、不怕犯错误，并不是鼓励犯错误，只是强调错误认识是科学探究过程中不可避免的；创新精神提倡不迷信书本、权威，并不反对学习前人经验，任何创新都是在前人成就的基础上进行的；创新精神提倡大胆质疑，而质疑要有事实和思考的根据，并不是虚无主义地怀疑一切……总之，要用全面、辩证的观点看待创新精神。

作为现代企业的新型员工，创新精神是必备的素质之一。只有具有创新精神，我们才能在未来的发展中不断开辟新的天地，才能与时俱进、敢为人先，为企业、为岗位创造新的奇迹。

我们知道，我们的行为取决于我们的思想，我们必须先有创新的思想，然后才有可能有创新的行动。任何思想都是人们在某一特定时空下的产物，随着时间的推移和客观条件的变化，思想就应时时更新，与时俱进。

德国著名作家歌德说：**“一个人不断变革创新，就会充满青春活力；否则，就可能会变得僵化。”**

杰克·韦尔奇在担任通用电气公司的CEO期间,经常对员工们说的一句话就是:“要把每一天都当作你参加工作的第一天,以崭新的视角审视你的工作,进行任何必要的、有利的改进。这样,你才不会因循守旧。”由此可见,那些在工作中能寻找更有效的方法、不断创新的员工,才是企业最欢迎的员工。许多知名企业的起死回生与不断发展壮大,都是因为拥有了一批敢于创新的优秀员工。

1952年前后,日本的东芝电气公司曾一度积压了大量的电扇卖不出去,7万多名职工为了打开销路,费尽心机,想尽了各种办法,依然进展不大。

木村是该公司的一名普通职员。一天,他向当时的董事长石板提出了改变电扇颜色的建议。在当时,全世界的电扇都是黑色的,东芝公司生产的电扇自然也不例外。木村建议把黑色改成浅色。

这一建议引起了石板董事长的高度重视。经过研究,公司采纳了这个建议。第二年夏天,东芝公司推出了一批浅蓝色电扇,大受顾客欢迎,市场上还掀起了一阵抢购热潮,几个月之内就卖出了几十万台。

从此,在日本甚至是全世界,电扇就不再是一副统一的黑色面孔了。

仅仅是改变颜色的小小设想,竟为东芝企业创造了如此巨大的效益。由此可见,创新的价值与作用比想象中的还要重要和有力,而提出创新想法的员工对企业和老板而言,更是最宝贵的财富。

平凡的工作中有很多可以进行创新的地方,关键在于你是否能够运用自己的智慧,发现更多的方法。几乎所有的成功人士,都是从平凡的事情中找到了不平凡的解决问题的方法,从而为事业的成功创造了良机。

实际上，在许多现代企业中，老板都会鼓励员工在工作方法上进行创新，也会对那些卓有成效者进行提拔和奖励，即使你的工作并未取得理想的效果，老板多半也不会责怪你。因为一个勇于创新的人，要比那些墨守成规、不思进取的员工更能为公司创造价值。所以，每一名员工在工作中都应打破思维的桎梏，别让传统的观念封住自己的心门，要去尝试各种途径，积极主动寻找解决问题的有效方法。

那么，如何才能培养自己的创新精神呢？

保持你的好奇心是其中首要的也是最重要的一条。因为好奇心是创新的源头之一。**谁要是体验不到好奇心，谁要是不再有好奇心，那么他创新的眼睛就是模糊不清的。**

牛顿少年时期就有很强的好奇心，他常常在夜晚仰望天上的星星和月亮。星星和月亮为什么挂在天上？星星和月亮都在天空运转着，它们为什么不相撞呢？这些疑问激发着他的探索欲望。后来，经过专心研究，终于发现了万有引力定律。

能提出问题，说明在思考问题。在学习过程中，自己如果提不出问题，那才是最大的问题。好奇心包含着强烈的求知欲和追根究底的探索精神，要想在茫茫学海获取成功，就必须有强烈的好奇心。

爱迪生一生的创造发明有2000多项，至今是世界上发明创造最多的科学家之一。他之所以能够获得如此多的发明创造，与他的好奇、爱思考有密切关系。在他小时候，他看到母鸡孵小鸡也感到非常好奇，到处向别人请教这是什么原理。当他听到孵蛋是以体温孵化的，他竟好奇地做了一次实验：在邻居的仓库里做了一个“窝”，在“窝”里放了几只鸡蛋，自己趴上去“孵”，一连“孵”了好长一段时间，以至成为远近的一个大笑话，许多人都笑他是个“傻瓜”，他们做梦也不会想到，这种好奇的天性便是科学发明最重要的因素。

正如西方谚语说的：“好奇是研究之父、成功之母。”好奇是求知的萌芽,是创造的起点。**科学的发明和创造很大程度上起因于发明创造者好奇的个性。**

所谓好奇心,指的是人们对新异事物进行探究的一种心理倾向,也是人们对不了解的事物所产生的一种新奇的感受和兴趣。

好奇心人皆有之,所以有人说它是人的天性。不过,对于追求成功所需要的好奇心,不只是一般的感官上的新奇刺激,而是包含着对巨大成功的追求与渴望,体现着对未知事物的探索与研究。当这种好奇心与实事求是的态度、坚持不懈的探究结合在一起的时候,就会取得某些重大的突破。反之,一个人如果墨守成规,对周围的一切丧失好奇与兴趣,那么他就无法在成功之路上阔步前进,甚至成功已经触手可及,也不知道去捕捉。

发明世界上第一架飞机的美国人莱特兄弟,孩提时代就怀有强烈的好奇心。一次,不满10岁的兄弟俩看到一轮明月挂在树梢,出于好奇,他们竟想从树梢上把月亮摘下来。最后,其中一个摔坏了脚,另一个划破了衣服。他们的父亲得知后,非但没有动怒,反而循循善诱:"太有意思了,月亮是该仔细看看。可是它离树梢还远得很呀!得制作一只大神鸟,坐上它飞到天上去,才有希望摘到月亮……"正是由于这位父亲善于把兄弟俩的好奇心引向应该注意的"大神鸟"上去,才有后来他俩发明飞机的成功之果。

乔治·西屋是美国西屋电器公司的创办人。西屋电器公司在乔治·西屋的精心经营下,由他一个"光杆司令"起家,逐步发展壮大,不久便成为美国著名的大企业。

乔治·西屋的事业成功也在于他具有极强的好奇心,有一种"打破沙锅问到底"的精神。正因为有这种个性和精神,他在企业经营中获得了361项发明专利。所以有人说,西屋既是企业家,又是发明家。他在一切经营活动中注意观察,善于寻根问底，结果带来了许多发明专利；反过来，西屋又以自己的发明使自己的企业赢得竞争的优势，使本企业的生产技术和产品在同行业中处于领先地位，获得与众不同的好效益。

有一次，他乘火车出差，没想到火车误点五个多小时。旅客们怨气十足，纷纷向站务员询问误点原因，后来才知道火车在中途与另一列车相撞，致使交通中断。

据此，很多旅客决定改乘汽车。但乔治·西屋却与众不同，他好奇地跑去问站长，为什么会产生火车相撞。站长说："我也不清楚，可能是交通信号出了问题吧！"

乔治·西屋对站长的回答很不满意，又跑到警察局去查询，他知道了真正的原因，是火车刹车失灵。

到了这步，乔治·西屋应该掉头就走，也去改乘汽车。但他仍不满足，又好奇地去追问：刹车为什么会失灵呢？几经周折，他终于搞清楚了当时火车的刹车方法：在每节车厢都设有单独的刹车器，每一刹车器均需几名刹车工专门负责。当火车要停下来时，每节车厢的刹车工就同时拉刹车器，然后使火车慢慢停下来。可是每个人的反应有快有慢，所以刹车工在听到命令时，根本不可能把每节车厢同时刹住，因而车厢与车厢间每每发生撞击，严重的则常因刹车器失灵而发生两列火车相撞事件。

乔治·西屋从此事引起思考，他亲自到火车上观察有关情况，甚至找刹车工了解情况，他终于得到一个结论：如果能够改良火车的刹车系统，撞击与相撞的事件必将大大减少，自己也可获得一个生财的机会。

乔治·西屋经过反复研究，与专家和火车工作人员商量，终于研究出解决上述难题的办法，把刹车权改由火车司机掌握，在司机驾驶室设刹车器，把每节车厢刹车工人取消。这一改进果然很好，被全美火车系统采用了。

不久，他又利用压缩的空气为动力，发明了性能卓越的空气刹车器，把它安装在每节车厢下，枢纽就在司机身旁，只要拉开气门枢纽，可以很轻易地就把火车刹住了。这一空气刹车器成为19世纪最伟大的发明之一，亦是乔治·西屋一生最得意的发明。这一发明，为西屋电器公司带来了巨大的经济收入。

强烈的好奇心最易产生奇迹，这是被大量事实证明了的。美国心理学家曾经对数百名杰出科学家进行调查研究，发现这些科学家都有强烈的好奇心，对事情喜欢追根究底。而另外一些心理学家在分析科学家的性格特征时，也发现他们都具有好奇心、恒心和独立的精神。我们观察现代企业中那些成功的人士，有一部分人他们少年时的生活环境都不太好，生长在贫穷的家庭，读书不多，有的甚至小学一毕业，就做学徒、雇工。他们之所以成功，是因为他们有强烈的好奇心和坚忍不拔的执著精神，几经艰辛，才得以成为某一产业、某一领域的佼佼者。

一个人如果对什么事情都无动于衷、熟视无睹，便难以敏锐地捕捉成功的机遇。在这方面，即使是名闻天下的科学家，有时也会因缺乏好奇而与重大的发明或发现擦肩而过，从而后悔莫及。

德国有机化学之父李比希，从海藻中提取碘时曾碰到一种奇怪的现象，就是在最后的母液中总沉淀着一层有刺鼻气味的液体。对这一奇怪的现象，李比希缺乏好奇心，因此没有作深入一步的研究。他随手在这个瓶子上贴了“氯化碘”的标签，就算定论了。

法国青年波拉德对上述现象却十分好奇，他为此进行了大量的分析研究，最后发现这种刺鼻的沉淀物是一种新元素——溴。波拉德发现溴之后，李比希十分后悔，因为他完全可以在波拉德之前取得这一名标史册的巨大成功。为了吸取教训并改掉自己随便下定论的毛病，李比希特意把那张“氯化碘”的标签贴在床头上，以提醒自己今后不要丧失应有的好奇心。

物理学家约里奥·居里也有类似的教训。他曾用α粒子轰击元素铍，结果发现一种很强的射线。可惜，居里对这种射线没有产生什么好奇，主观断定它只是一种普通的γ射线。后来，年轻的核物理学家查德威克知道这个现象后，却满怀好奇与疑问。他经过进一步分析和研究，大胆指出：居里发现的所谓γ射线，其实就是中子。为此，好奇的查德威克获得了诺贝尔奖。当居里得知这件事后，深为惋惜地说："我真蠢哪！"约里奥·居里用一个"蠢"字来指责自己丧失了科学的好奇心，说明这种教训是极其深刻的。

爱因斯坦说过："我没有特殊的天赋，我只有强烈的好奇心。"他还告诉世人说：谁要是体验不到好奇心，谁要是不再有好奇心，那么他的眼睛是模糊不清的。可以这样说，好奇心仿佛是探照灯的光柱，它永远把探索的光芒投向成功的目标。对渴望成功的人来说，永不满足的好奇心可以引导他们去不断追求新的成功目标。事实证明，只有那些具有强烈的好奇心与求知欲的人，具有独立性和自主精神的人，具有富于怀疑和冒险精神的人，以及兴趣广泛、知识面广的人，才会眼光敏锐、思维活跃，才能采撷到丰硕的成功之果。

其次，对所学习或研究的事物要有怀疑态度。不要认为被人验证过的都是真理，许多科学家对旧知识的扬弃，对谬误的否定，无不自怀疑开始。

比如伽利略对自由落体运动的研究始于对亚里士多德"物体依本身的轻重而下落有快有慢"的结论的怀疑，发现了自由落体规律。**怀疑是发自内在的创造潜能，它激发人们去钻研、去探索。**对课本我们不要总认为是专家教授们写的，不可能有误。专家教授们专业知识渊博精深，我们是应该认真地学习，但是，事物在不断地变化，有些知识现在适用，将来不一定适用。再说，现在的知识不一定就没有缺陷和疏漏。对待我们所学习或研究的事物我们应做到：不要迷信任何权威，应大胆地怀疑，这是我们创新的出发点。

第三，对所学习或研究的事物要有追求创新的欲望。如果没有强烈的追求创新欲望，那么无论怎样谦虚和好学，最终都是模仿或抄袭，只能在前人划定的圈子里周旋。要创新,我们就要坚持不懈地努力,勇敢面对困难,要有克服困难的决心,不要怕失败,相信一点,失败乃成功之母。

第四,对所学习或研究的事物要有求异的观念,不要"人云亦云"。创新不是简单的模仿。要有创新精神和创新成果,必须要有求异的观念。每个人都是社会的一员,因此难免会受他人影响。虽然说组织中的每个成员不一定都是同一种类型,但在同一公司中的人通常会有一种"必须这样行动"的约束。当遇上一些自己也无法理解的做法时,人们往往会用"大家都这么干,我也只要照办就可以了"这样一种轻松的理由来说服自己,这就难免走进因循守旧的死胡同。事实上,每个人都有各自的特点,对于同一件事,你可以按自己的方式来处理,这比强求一律的方式要好得多。求异实质上就是换个角度思考、从多个角度思考,并把结果进行比较。求异者往往要比常人看问题更深刻、更全面。

第五,对所学习或研究的事物要有冒险精神。创造实质上是一种冒险,因为否定人们习惯了的旧思想可能会招致公众的反对。冒险不是那些危及生命和肢体安全的冒险,而是一种合理性冒险。大多数人都不会成为伟人,但我们至少要最大程度地挖掘自己的创造潜能。

第六,对所学习或研究的事物要做到永不自满。一个有很多创造性思想的人如果就此停止,害怕去想另一种可能比这种思想更好的思想,或已习惯了一种成功的思想而不能产生新思想,结果这个人变得自满,停止了创造。

创新是一个国家兴旺发达的不竭动力,是一个民族进步的灵魂。身处于这样的时代,面对新的历史使命和发展机遇,每一名员工都要培养自己的创新精神,在工作中充分发挥自己的想象力和创造力,打破旧的思维及行为模式,走上创新之路。这样,你才能赶上迅速前行的时代列车,使自己的事业兴旺发达。

6. 学习和掌握技术创新和发明的常见技法

技术创新和发明可以说无处不在无时不在，它可以在任何领域任何岗位任何行业中出现，也可以在任何时间出现，但这并不是说我们任何一个人随随便便就可以创新，创新也是需要方法的。要做一个创新型的员工，必须掌握一定的创新方法才行。下面介绍八种常见的创新发明技法：

1. 创造奇迹的组合发明法

相同或不相同的事物，经适当的组合会创造出另一种新事物，并且会产生难以预料的作用。这是一种古老而又新颖的发明创造方法。例如最简单的组合，饭锅和电炉组合在一起就成了电饭锅，而水杯和电炉组合在一起则成了电热杯。总之只要根据需要，把不同的事物有机地结合，就有可能创造出新事物。但是，请注意，组合方法并不是简单的相加或叠加，它需要把现有的知识、技术、工艺和智慧进行合理的综合开发，从而在科学的基础上，创造出新的技术和产品，才算是实现了组合方法的真谛。请相信组合方法的威力，并让这种方法为你创造奇迹。

2. 早出成果的补短发明法

许多成功的发明家，有一个鲜为人知的秘诀，这就是他们懂得，世界上一切事物没有十全十美的。即使是名优畅销商品，也绝非完美无缺。寻找各种用品、用具、器械的缺点和短处，也就发现了问题，这就是发明创造的绝妙突破口。当你发现一个重要的短处，往往就找到了一个发明课题。努力设法弥补这一短处，你就会做出意想不到的发明来。

举个最简单的例子，用壶烧开水，一不注意，水开了会把火扑灭，酿成危险。有人发明在壶盖边上开一个小口，水沸时，蒸气使之叫出声来，提醒烧水人注意，既可减少危险，又减少浪费能源。事实上，飞机、汽车或轮船的发展史都是在补短发明过程中完善起来的。总之，从你周围熟悉的事物，用具、器具当中，努力发现它们的短处，甚至是隐蔽性很强的短处，进一步研究出相应的解决方案，动手改进它，这就是“补短发明法”成功的真谛。愿你们从中得到启示，为你们的发明创造找到好课题，并作出成绩来。

3.独具魔力的需要发明法

有位学者说过:"需要乃发明之母",由于需要而创造出来的发明真是俯拾即是。例如:需要节约时间,在饮食方面就出现了速食品;需要光亮,则发明了蜡烛、煤气灯、白炽灯、日光灯等;需要即时通达信息,则从出现了古老的烽火台到现代的电报、电话、移动电话、无线广播,等等。需要保藏食品,不仅发明了罐装食品,更有了电冰箱、电冰柜等。总之,需要能为你提出发明创造课题和目标;需要能激发你的聪明才智;也能催你千方百计去设计和制作等。有了发明目标,经过精心设计,再运用正确方法和技巧去制作,获得成功是必然的。

4.行之有效的联想发明法

联想就是由某种事物而想起和它有关的事物。它是人类认识、研究和运用较早的一种心理活动。一些学者曾把古希腊科学家亚里士多德的联想观点发展为联想的三种方法,即在空间或时间上接近的联想形成接近的联想(如由铅笔想到橡皮擦,由水库想到水力发电机等);有相似特点的事物形成类似联想(如由带钩的藤草想到尼龙搭扣);有对立关系的事物形成对比联想(如由热想到冷,由高想到低,由海洋想到陆地)。例如,发泡技术的类似联想产生了一系列意想不到的新发明。最早发泡技术的运用,要属我国的馒头和西方的面包,以后则有发泡橡胶、发泡塑料等一系列产品。总之,我们每个人由小到大经历过各式各样的事物,通过学习,知识也在不断丰富,这些都是创造发明的潜在宝藏,而开发和运用这些宝藏,联想正是一种行之有效的思维方法。

5.使用不尽的变化发明法

变化的内容极为丰富,例如:材料、颜色、气味、形状、声音、体积、重量、用途,还有工艺,操作方法,等等,几乎是无穷无尽的。由变化所带来的成果、优势和利益也是无穷无尽的。例如,当今的服装厂商,依靠自己企业的实力,在设计、宣传、推销,在市场上进行竞争。而竞争的焦点无非是在服装的面料、色彩、款式、性能等方面的变化上做文章。谁能在变化上顺应潮流,适应消费者的需求,谁就能争得市场就能胜利。总之,变化的思路和方法给各个企业带来效益,给家庭带来欢乐和愉快,也带来方便和享受。历史事实证明：变化发明法，为创造者提供了施展才华的广阔天地，也给社会增添了财富。

6.威力巨大的扩用发明法

扩用发明法就是要发明者经常对一物件或产品提出，如果改变一下，或改造一下，或改装一下，或添加点什么是否还有别的用处？发明者经常向自己提出这类问题，无疑会使你产生巧妙的想法，会使你做出意想不到的发明来。例如，现如今受人们青睐的多用椅、多用沙发、多用剪刀、多用小车等都是扩用发明法的产物。再如，扩用发明法使永久磁铁从罗盘和指南针里解脱出来，并在工业和民用器具得到广泛应用，而且这种应用范围还在不断扩大。掌握这种思维方法，将为发明者带来力量和成功。

7.光彩夺目的仿生发明法

远在2400多年前，模仿生物的发明方法就已经为人类创造了不朽的功绩。春秋战国时期的大工匠鲁班，有一次上山不慎滑倒并被草叶割破了手，经过观察，发现割破手的草叶边缘有细密的齿。他经过琢磨终于模仿草叶的齿，发明了锯。随着科学技术的进步和生产的发展，孕育了很久的仿生学作为一门独立的科学在1960年产生。它研究生物系统的结构、功能、能量转换和信息过程，并将获得的知识用来改善现有的或创造崭新的机械、仪器、建筑结构和工艺过程。因此，生物模拟就成为现代发展新技术的一个重要途径。目前，人类在技术上所遇到的某些问题，可以借鉴生物界中早已在进化过程中得到解决的答案，来启发，模仿、解决各类技术难题。例如先进飞机的外形、雷达用超声波回声定位、导弹上应用的热定位器，乃至机器人的结构、功能，等等，都模仿了生物包括人类本身在内的某些功能。但是，这些借鉴与应用，还仅是生物界可模仿技术总量的很小一部分。正确的运用仿生发明法，可使创造发明成果提高到一个光彩夺目的水平。

8.独辟蹊径的逆求发明法

在从事发明创造时，有时会遇到难题，绞尽脑汁也想不出好办法来，这时不妨从问题的相反方向，或倒过来去思考，即运用“逆向思维法”或许会使你顿开茅塞。逆向求解的思路和方法是一种新型的求异思维，是辩证思维，是思维开阔、思维灵活的表现，思维没有经过训练的人，用起来比较困难。总之，聪明的创造者会从多方面去思考问题，会充分运用逆向求解的方法，一旦这种方法用解决问题，会使你享受到“柳暗花明又一村”的乐趣和成功的喜悦。

创新发明是一件人人能做的事，也是一项趣味无穷的实践活动。只要用心观察周围的事物，善于发现问题、提出问题、大胆探索、动手实践，勇于突破条条框框的束缚，就会有所创新、有所发明。

当然，创新还需要有一双善于发现的眼睛，发现创新的契机，找到解决问题的思路，才能创造一个新的成果。

300 多年前，一位奥地利医生给一个胸腔有病的人看病，由于当时技术落后，医生无法发现病因，病人不治而亡。后来经尸体解剖，才知道死者的胸腔已经发炎化脓，而且胸腔内积水。这位医生非常自责，决心要研究判断胸腔积水的方法，但始终不得其解。恰好，这位医生的父亲是个酒商，他不但能识别酒的好坏，而且不用开桶，只要用手指敲敲酒桶，就能估量出桶里面有多少酒。医生由此联想到，人的胸腔不是和酒桶有相似之处吗？父亲既然能通过敲酒桶发出的声音判断桶里有多少酒，那么，如果人的胸腔内积了水，敲起来的声音也一定和正常人不一样。此后，这个医生再给病人检查胸部时，就用手敲敲听听。他通过对许多病人和正常人的胸部的敲击比较，终于能从几个部位的敲击声中，诊断出胸腔是否有病，这种诊断方法现代医学称为“叩诊法”。

创新是一个永远不老的话题，创新并不是少数几个天才的权利，每个人都能创新。在工作中创新，要敏锐地发现人们没有注意到或未重视的某个领域中的空白、冷门或薄弱环节，改变思维定式，最终将你带入一个全新的境界。

第七章 赢在思想，成在行动：让思想引领行动，走向成功

赢在思想，成在行动。思想是行动的先导，是行动的前提。心都到不了的地方，脚就永远不会到，所以要愿想敢想、大胆去想、积极去想。有想法才会有办法，有思路才会有出路；好的想法价值亿万，如果没有行动，也不过是空想。所以有想法还要有行动，有行动才能有成功。路虽远，行则将至；事虽难，做则有成！不去做，就永远也不会有成功。

1. 世界上最好的资源不在别处，就在你的帽子下面

很多人都希望从名人的身上能够找到走向成功的捷径，为此，比尔·盖茨毫不吝啬地给出了他自己的“人生公式”：**财富＝正确的想法＋足够的行动**。

可是，这样的人生秘诀让每一个希望得到成功指引的人都觉得莫名其妙。人们可能会想：成功应该靠的是机遇、运气、智慧或者其他更加神圣的因素，怎么可能单单凭借想法和行动就能够获得成功呢？

洛克菲勒用他的观点给人们提供了一个参考答案，他说：“即使是把我现在所有的财产都拿走，把我脱个精光放在沙漠里，只要给我足够的时间和一支经过沙漠的商队，我也会很快再次成为百万富翁。”所以，真正能够指引人们生活的，不是现在的财富和经验，而是你面对生活的想法。

洛克菲勒就是凭借他脑子当中的“想法”，经过了几十年的历练，形成了开阔的思路和“**想法决定一切，想法能够改变一切**”的积极心态。只要有了想法，并且有了将想法付诸行动的意志，你就能够走向成功。没有机遇，你可以趁势制造机遇；没有财富，你可以寻找合作伙伴；没有人脉，努力之后也能建立属于自己的关系网……世界上的财富都是依靠思路来做牵引的，没有一种成功不是由想法来塑造的。

西方有一句著名的谚语：“**世界上最大最好的等待开发的资源，不在南极洲也不在非洲，而在你的帽子下面！**”你的大脑就是你最大的资源，你的思想就是你成功的源头，你的思想决定你的一切。

在威斯敏斯特大教堂的地下室里，英国圣公会的墓碑上刻着这样的一段话：

> 当我年轻的时候，我的想象力从没有受过限制，我梦想改变这个世界。
>
> 当我成熟以后，我发现我不能够改变这个世界，我将目光缩

短了些，决定只改变我的国家。

当我进入暮年以后，我发现我不能够改变我的国家。最后我的愿望仅仅是改变一下我的家庭，但是，这也不可能。

当我躺在床上，行将就木时，我突然意识到：如果一开始我仅仅去改变我自己，然后作为一个榜样，我可能改变我的家庭；在家人的帮助和鼓励下，我可能为国家做一些事情。

然后，谁知道呢？我甚至可能改变这个世界。

这段文字令许多世界政要和名人感慨不已。当年轻的曼德拉看到这篇碑文时，顿然有醍醐灌顶之感，觉得从中找到了改变南非甚至整个世界的金钥匙。回到南非后，这个志向远大、原本赞同以暴抗暴来填平种族歧视鸿沟的黑人青年，一下子改变了自己的思想和处世风格，他从改变自己、改变自己的家庭和亲朋好友着手，历经几十年，终于改变了他的国家。

要想撬起世界，它的最佳支点不是整个地球，不是一个国家、一个民族，也不是别人，而只能是自己的心灵。

有人说，思维才是人生最大的财富。爱因斯坦也说："人们解决世界的问题，依靠的是大脑和智慧。"所以，撬起世界的支点，不会是外在的环境，不会是你所拥有或者一直羡慕的财富，而是你的想法，你的思路。思路决定出路，有什么样的思路，就会有什么样的出路。

有一个农民，当地人都说他是个聪明人。因为他爱动脑筋，所以常常花费比别人更少的力气，获得更大的收益。秋天收获土豆后，为了卖个好价钱，大家都先把土豆按个头分成大、中、小三类，每家都起早摸黑地干，希望快点把土豆运到城里赶早上市。而这个农民却与众不同，他根本不做分捡土豆的工作，而是直接把土豆装进麻袋里运走。他在向城里运土豆时，没有走一般人都经过的平坦公路，而是载着装土豆的麻袋，开车跑一条颠簸不平的山路。这样一路下来，因为车子的不断颠簸，小的土豆就落到麻袋的最底部，而大的就留在了上面，卖的时候大小就能够分开了。这样,他的土豆总是最早上市,因此,他每次赚的钱自然比别人家的多。

这位农民是智慧的,他的智慧正在于他的想法与别人的不一样,思路不一样,因而最终的结果也不一样。这是思路决定出路的最佳案例。在工作和生活中有与众不同的想法,才能有与众不同的收获。

一位年轻人乘火车去某地。火车行驶在一片荒无人烟的山野之中,人们一个个百无聊赖地望着窗外。前面一个拐弯处,火车减速,一座简陋的平房缓缓地进入年轻人的视野。也就在这时,几乎所有乘客都睁大眼睛“欣赏”起寂寞旅途中这道特别的风景,有的乘客开始窃窃议论起这座房子。年轻人的心为之一动,返回时,他中途下了车,不辞劳苦地找到了那座房子。主人告诉他,每天火车都要从门前“隆隆”驶过,噪声实在让他们受不了,房主早想以低价卖掉房屋,但多年来一直无人问津。不久,这位年轻人用3万元买下了那座平房,他觉得这座房子正好处在列车转弯处,火车经过这里时都会减速,疲惫的乘客看到这座房子时,精神就会为之一振,那么这所房子用来做广告是再好不过的了。很快,他开始和一些大公司联系,推荐房屋正面是一面极好的“广告墙”。最终,可口可乐公司看中了这个广告媒体,租用3年,支付年轻人18万元租金。这就是突破常规、跳出惯有的思维习惯,想别人所不想,干别人所不干,也得到别人所不能得到的利益的一个绝佳案例。

可见,你的思想多么重要。商场的逻辑首先就是:心有多大,舞台就有多大。在中国,众多的企业不是被撑死的,而是饿死的,职场打拼甚至比写作还需要想象力。因为钱每个人都想赚,没有一点神通,如何像八仙一样过海?

心都到不了的地方,脚就永远不会到。在别人看来许多所谓的奇迹,其实对于一些人来讲,是水到渠成的事情。比如,麦当劳的创始人雷·克洛克，在他之前，谁能想到会有麦当劳连锁餐厅在世界各地拔地而起？再比如陈天桥，仅靠着网络游戏就风生水起，令很多老江湖们自愧不如。还有江南春，通过在楼宇里做广告，也一飞冲天。他们的成功首先是他们思想的成功。

我们每一个人都需要事业的成功，但是，激烈的竞争和压力让职场中人难堪重负，整天只知道机械地工作，按部就班，循规蹈矩，思想早已僵化，似乎忘记了如何去想。不少员工总认为自己是对的，比较偏执，牢骚满腹，夜郎自大，不知反省，他们固守着自己的想法，而不去寻找最好的路径。

而优秀的人总是在不断地思考，不停地寻找最好的想法。曾任惠普CEO的卡莉不惜打破惠普公司的先例，坐飞机到处去调查，会见客户，她说："你永远有更好的思路去寻找。"

韩国人为了环保，不用竹子做牙签，而用土豆做，这种用土豆淀粉制作的牙签不仅可以用来剔牙，而且还可以用来吃。据报道，启发韩国人生产能吃的牙签，是因为当时有些养猪场的猪吃了酒店混进竹子牙签的残羹剩菜，常有伤猪现象，于是一些聪明人就改用土豆淀粉制作牙签了。

多么有趣而有益的想法！有想法了才会有办法，有思路了才能找到出路，想到才能做到，不想，也就谈不上行动。所以成功是赢在思想，成在行动。

> 罗特是美国一家制瓶厂的设计师。有一天，他的女友穿了一套膝盖上面部分较窄，腰部显得很有魅力的裙子来厂里看他。一路上，人们频频回头欣赏着这条裙子。
>
> 罗特也注意到这条裙子，他越看越觉得线条优美。他想，要是制成这条裙子形状的瓶子也许销路不错。想到这里，他马上转身跑回设计室，连声"再见"也没说。女友也感到奇怪，很不高兴地独自走了。
>
> 罗特回到设计室就在图纸上画了起来。后来，这种瓶子制

造出来，不仅外形美观，而且里面的液体看起来比实际分量要多。

没过多久，美国可口可乐公司看中了这种瓶子，并且以600万美元的高价购买了这项专利权。

许多东西的发明常常是得益于另一东西的启发。因此，要想有所成就，必须培养思考的能力。一位著名的心理学家福尔莫斯博士说，大约95%的人都是在进行发散性的、不连贯的思维，只有大约5%的人能明确思考的方向，并最终得到确定的结论。所以，利用你帽子下面的这个最大的资源，用你的想法指导你的行动，才是走向成功的捷径。

2. 思考致胜，一天思考胜过一月蛮干

思考有多广阔，路就有多长远，善于思考可以避免工作的盲目性。哈佛有句谚语："一天的思考，胜过一周的蛮干。"说的也是这个道理。所以，一个用心做事的员工，在工作中一定要懂得思考、坚持思考，无论大事小事都要想一想，不管什么样的工作，也都想一想，把思想融入工作，让思考成为一种习惯。

无论做什么事，成功了，应想想有没有更好的办法；失败了，应想想失误在哪儿。只有多问多想，才能吸取经验教训，才能百尺竿头更进一步；只有多想多总结，才能做到主动出击，事事走在别人的前头。

石油大王洛克菲勒曾经谆谆告诫他的员工：**"请你们不要忘了思考，就像不要忘了吃饭一样。"**

如果员工只是每天朝九晚五，像算盘珠子一样，拨一下才动一下，按部就班地依照各种流程做事，遇到困难或问题不开动脑子想办法，或作壁上观，或绕着问题走，久而久之，大脑必然会"生锈"，人也会慢慢地变得懒惰起来，其结果将错失看见新事物的机会，丧失发现机会的能力。

不懂思考不会思考的员工不能算真正的员工，只能算"机器人"；主动

思考、积极思考的员工才是企业需要的员工，能为企业提升效益、为自己增加业绩、为工作解决问题的优秀员工。

一个会开动脑筋思考的人总能抓住关键的问题，也能够很好地解决它。在工作中，我们每个人都会碰到一些困难和障碍，善于思考，才能找到解决问题的好办法。

肯动脑筋，勤于思考，是治疗思想贫乏的良药，是形成创造性思维的起点。无数事实证明，只有用智慧去思考，才能解放思想，创造机遇。不管从事哪一个行业，幸运之神总是偏爱会思考、有创新精神的人。思考能使人不断进步，创新能使一个人的事业再上一个台阶。

华若德克是美国实业界大名鼎鼎的人物。在他未成名时，有一次，他带领属下参加在休斯敦举行的美国商品展销会，令他感到懊丧的是，他被分配到一个极为偏僻的角落，而这个角落是很少有人光顾的。为他设计摊位布置的装饰工程师劝他干脆放弃这个摊位，认为在这种情况下要展览成功是不可能的，唯一的办法只有等待来年再参加商品展销会。沉思良久，他觉得自己若放弃这一机会实在太可惜。可是，怎样才能出奇制胜呢？他陷入了深深的思考中。他想到了自己创业的艰辛，想到了展销会组委会对自己的排斥和冷眼，想到了摊位的偏僻，感觉自己就像非洲难民一样受到了不应有的歧视，心里充满了悲哀。突然，他有了一个计划，他决定把自己打扮成一个非洲难民。

华若德克让他的设计师给他设计了一个古阿拉伯宫殿式的氛围，围绕着摊位布满了具有浓郁非洲风情的装饰物，把摊位前的那一条荒凉的大路变成了黄澄澄的沙漠。他安排雇来的人穿上非洲人的服装，并且特地雇用动物园的双峰骆驼来运输货物。此外他还派人定做大批气球，准备在展销会上用。还没到开幕式，这个与众不同的设计就引起了人们的好奇，不少媒体都报道了这一新颖的设计，市民们都盼望开幕式尽快到来一睹为快。

展销会开幕那天，华若德克挥挥手，顿时展厅里升起无数彩色气球，气球升空不久自行爆炸，落下无数的卡片，上面写着："亲爱的女士和先生，当你拾起这小小的卡片时，你的运气就开始了，我们衷心地祝贺你。请到华若德克的摊位，接受来自遥远非洲的礼物。"无数的卡片洒落在热闹的展销会场，当然，华若德克也因此而获得了巨大的成功。

越思考越优秀，不要怕做思想的巨人。不管做什么事，多想多思多考虑，周全谋划，提先预想，一定比拿起来就蛮干要有成效得多。多思考、勤思考，脑子越来越灵活，能力越来越强，路才会越来越宽。

3. 行动至上，一次行动胜过百遍思考

有思想更要有行动，光有思想没有行动，不过是空想，是瞎想，是胡思乱想甚至是痴心妄想。所以，行动比想法更重要。要想顺利地完成工作，**取得优异的工作业绩，在经过思考后，关键在于行动，一次行动胜过千百遍的思考。**如果不行动，就成了口头上的巨人、行动上的矮子。

有人一直在为自己的才华沾沾自喜，有人总在抱怨某个老总"有眼无珠"，请你相信，生活中这样的人还有很多很多。这个世界不乏有才华、有能力的人，但为什么成功的总是少数人？原因在于，成功的人有了想法就积极主动地去做，哪怕是失败了也不失去尝试的勇气，而失败的人，即使再有才能，也总是光说不做，他们守着空想的城堡，将所有的理想都寄托在没有实际行动的梦幻里。

生活中我们也常常听到有人这样说："我这么聪明，将来准会做大事的，你们就等着吧，等我有钱了，请你们吃满汉全席，再给你们每个人买一辆飞机！"言辞之间，踌躇满志，仿佛自己已经功成名就。当别人问他凭什么就能做大事的时候，他们振振有词："知识就是力量，智慧就是财富，我知识与智慧并重，我怕谁啊！"

白日梦谁都会做，关键是要有所行动，白日梦不能当饭吃，你要想获得你想要的东西，你就得有实实在在的成绩，否则，光是有想法就能成功，那世界上岂不人人都是亿万富翁了？正如英国前首相本杰明·笛斯瑞利指出的，虽然行动不一定能带来令人满意的结果，但不采取行动就绝无满意的结果可言——你需要的不只是梦想，你还要付出切切实实的努力。有了想法就去做，这样你才能成功。

有一位名叫莱温的美国女孩，她的父亲是芝加哥有名的牙科医生，母亲在一家声誉很高的大学担任教授。她的家庭给予她很大的帮助和支持，她完全有机会实现自己的理想。她从念中学的时候起，就一直梦想当电视节目主持人。她觉得自己具有这方面的天赋，因为每当她和别人相处时，即使是生人也都愿意亲近她，并和她长谈。

但是，她什么也没有做，她在等待奇迹出现，希望一下子就当上电视节目主持人。

莱温不切实际地期待着，整天幻想会不会遇到什么奇迹，可是什么奇迹也没有出现。

另一个名叫露丝的女孩却实现了莱温的理想，成了著名的电视节目主持人。露丝之所以会成功，就是因为她知道天下没有免费的午餐，一切成功都要靠自己努力去争取。她不像莱温那样有可靠的经济来源，所以没有等待机会出现。她白天去打工，晚上在大学的舞台艺术系上夜校。毕业之后，她开始谋职，为此她跑遍了芝加哥每一个广播电台和电视台。但是，每个经理对她的答复都差不多："不是已经有几年经验的人，我们一般不会雇用的。"露丝没有退缩，也没有徒手等待，而是继续走出去寻找机会。她一连几个月仔细阅读广播电视方面的杂志，最后终于看到一则招聘广告：北达科他州有一家很小的电视台招聘一名预报天气的女播音员。

露丝在那里工作了两年，之后又在洛杉矶的电视台找到了一份工作。又过了5年，她终于成为她梦想已久的节目主持人。

同样心怀梦想，可是为什么两个人的命运却截然不同呢？

因为莱温一直停留在幻想状态，坐等机会，她把所有的希望寄托于空想，注定一事无成；而露丝则采取行动，将理想付诸实践，最后，她终于实现了梦想。

成功不在难易，而在于“谁真正去做了”。**这个世界不缺乏机遇，而缺少抓住机遇的手。**如果你有想法就要赶紧付诸行动，别担心失败或困难重重，人都是在不断跌倒与爬起中学会走路的。在不停地实践与追求中，你才能超越自我，成为一块闪亮耀眼的真金。

思想是成大事者的起跑线，决心则是起跑时的枪声，行动则犹如起跑者全力的奔跑，唯有坚持到最后一秒，方能获得成大事者的锦旗。不行动，一切都是空。记得小时候读过的一篇“两个和尚去南海”的故事：

从前，在四川有一名穷和尚和一名富和尚。一天，穷和尚和富商量说：“我决定去南海，你看行不行？”

富和尚惊讶地说：“你依靠什么去南海？”

“我只要一个饭钵盛饭，一个水瓶装水就够了。”

“我这么多年想租船到南海，都没去成，你依靠一个饭钵，一个水瓶就能到南海？”

穷和尚决心去南海，他没有理会富和尚的讽刺，不畏艰险，开始了艰苦的行程。渴了，饿了，就去化缘。人家给饭就勉强充饥，不给只好忍饥挨饿。实在支持不住了，就吃树皮草根。日子一长，他的脸都消瘦了，可他还是坚持不懈地向前走。有一次，他饿晕了，但他一醒，就继续向前走，走不动了，就爬。终于遇到一户人家，吃了点饭，又向前走去。就这样，穷和尚一路上跋山涉水，历尽了艰难险阻，终于到达了南海。

第二年，穷和尚游完南海回来，把去南海的事讲给富和尚听，富和尚听了非常惭愧。

富和尚当然会惭愧。只有想法没有做法就是一个行动上的矮子，你的想法再好，也不过是空想。所以，有想法更要有做法，敢想更要敢做，只想不做永远不会成功。你做了，就有成功的可能；不做，就永远只能看着别人成功。

有个落魄的中年人每隔三两天就到教堂祈祷，而且他的祷告词几乎每次都相同。“上帝啊，请念在我多年来敬畏您的份上，让我中一次彩票吧！阿门。”几天后，他又垂头丧气地回到教堂，同样跪着祈祷：“上帝啊，为何不让我中彩票？我愿意更谦卑地来服侍您，求您让我中一次彩票吧！阿门。”又过了几天，他再次出现在教堂，同样重复他的祈祷。如此周而复始，不间断地祈求着。终于有一次，他跪拜道：“我的上帝，为何您不垂听我的祈求？让我中彩票吧！只要一次，让我解决所有困难，我愿终身奉献，专心侍奉您……”就在这时，圣坛上空传来宏伟庄严的声音：“我一直垂听你的祷告。可是，最起码，你老兄也该先去买一张彩票吧！”

现在，你明白为什么这样的人注定不会成大事了吧？光有思想是不够的，无论是在工作还是其他方面，要想有所作为你必须有为自己的理想下定追求到底的决心，并且马上行动！在现实生活中，有些人之所以比别人更容易走上成功的轨道，正是由于在想到之后能够付诸实际行动。

哥伦布还在求学的时候，偶然读到一本毕达哥拉斯的著作，知道地球是圆的，他就牢记在脑子里。经过很长时间的思索和研究后，他大胆地提出，如果地球真是圆的，他便可以经过极短的路程而到达印度了。这时候，许多有常识的大学教授和哲学家们都耻笑他的想法。因为，他想向西方行驶而到达东方的印度，岂不是痴人说梦吗？他们告诉他：地球不是圆的，而是平的，然后又警告道，他要是一直向西航行，他的船将驶到地球的边缘而掉下去……这不是等于走上自杀之途吗？然而，哥伦布对这个问题很有自信，只可惜他家境贫寒，没有钱让他实现这个冒险的理想，他想从别人那儿得到一点钱，助他成大事，他一连空等了17年，结果还是失望。他决定不再等下去，于是启程去见皇后伊莎贝露，沿途穷得竟以乞讨糊口。皇后赞赏他的理想，并答应赐给他船只，让他去从事这种冒险的工作。为难的是，水手们都怕死，没人愿意跟随他去，于是哥伦布鼓起勇气跑到海滨，拉住了几位水手，先向他们哀求，接着是劝告，最后用恫吓手段逼迫他们去。一方面他又请求女皇释放了狱中的死囚，允许他们如果冒险成大事者，就可以免罪恢复自由。

1492年8月，当一切都准备妥当后，哥伦布率领3艘帆船，开始了一个划时代的航行。

不料出师不利，刚航行几天，他们的船队之中就有两艘船破了，接着又在几百平方公里的海藻中陷入了进退两难的险境。没有办法，哥伦布只有亲自拔开海藻，才得以继续航行。在浩瀚无垠的大西洋中航行了六七十天，也不见大陆的踪影，水手们都失望了，他们要求返航，否则就要把哥伦布杀死。哥伦布兼用鼓励和高压两手，总算说服了船员。也是天无绝人之路，在继续前进中，哥伦布忽然看见有一群飞鸟向西南方向飞去，他立即命令船队改变航向，紧跟这群飞鸟。因为他知道海鸟总是飞向有食物和适于它们生活的地方，所以他预料到附近可能有陆地。果然很快哥伦布就发现了美洲新大陆。

我们完全可以想象得出，如果哥伦布再等下去，必然会一生蹉跎“空悲切，白了少年头”，美洲大陆的发现者可能改换他人了。成大事者的桂冠永远不会属于哥伦布了。哥伦布最终成了英雄，从美洲带回了大量黄金珠宝，并得到了国王的奖赏，以新大陆的发现者而名垂千古，这一切都是行动的结果。

一个生动而强烈的意象突然闪入一位作家的脑际，使他生出一种不可阻遏的冲动——想提起笔来，将那美丽生动的意象记录下来。但那时他或许有些不方便，所以没有立刻就写。那个意象不断地在他脑海中出现，然而他最终没有行动，后来那意象便逐渐模糊了，最终完全消失！

一个神奇美妙的印象突然闪电般地进入一位艺术家的心间，但是，他不想立刻提起画笔将那印象绘在画布上。这个印象占据了他的心灵，然而他总是不埋首挥毫，最后，这幅神奇的图画也渐渐地从他的心里淡去！

这些都是“行动的矮子”！有想法不行动，再好的思想也会成空，再美妙的心思也会转瞬消失，有计划而不去执行，再好的计划也不过是写在纸上的一个句子！有想法重要，有行动比有想法更重要。

1989年3月24日，埃克森公司的一艘巨型油轮在阿拉斯加触礁，原油大量泄漏，给生态环境造成了巨大破坏，但埃克森公司迟迟没有做出外界期待的反应，以致引发了一场“反埃克森运动”，甚至惊动了当时的总统布什。最后，埃克森公司总损失达几亿美元，形象严重受损。

埃克森公司迟迟未做出反应，最终让公司蒙受了巨大的损失。无论是公司还是个人，没有在关键时刻及时做出决定、采取行动，而让事情拖延下去，只会给公司造成严重的损失。对每一个渴望有所成就的人来说，拖延是最具破坏性的，它是一种危险的恶习，它会使人丧失进取心。

戴尔公司创始人戴尔认为，在问题背后强调理由，是世界上最没有影响力的语言，拒绝拖延才是解决问题的有效途径。

韦尔奇原来是GE的一名出色的工程师，后来，一直负责韦尔奇所在的实验项目的聚合物产品生产经理鲍勃·芬霍尔特，因成绩突出被调到总部担任战略策划负责人，这样经理的职位就空缺了。

“我为什么不试试呢?”韦尔奇想。韦尔奇不想看着这个可以改变自己的机会从自己眼前溜走。

有一天,和主管加托夫以及其他人吃完晚餐后,韦尔奇跟着加托夫来到停车场,并且坐在加托夫的汽车上。

“为什么不让我试试鲍勃的位置?”韦尔奇开门见山地说。

“你是在开玩笑吗?”加托夫问道,“韦尔奇,你根本不熟悉市场,而这一点对于这种新产品却是至关重要的。”

韦尔奇不肯接受否定的回答。现在轮到他游说加托夫了,他谈到了自己的资历、看市场的眼光、对人和工作的态度。两个人都没有注意到这个夜晚又黑又冷,韦尔奇在加托夫的车上坐了一个多小时,试图说服他。

加托夫当晚并没有答复韦尔奇,但当他把车开出停车场的时候,他似乎明白了韦尔奇是多么需要用这份工作来证明自己能为公司做些什么,他对站在街边的韦尔奇大声说道:“你是我认识的下属中第一个向我要职位的人,我会记住你的。”

在接下来的7天时间里,韦尔奇不断给加托夫打电话,列出一些他适合这个职位的其他原因。一个星期后,加托夫打来电话告诉他,他已被提升为塑料部门主管聚合物产品生产的经理。

1968年6月初,也就是韦尔奇进入GE的第8年,他被提升为主管2600万美元的塑料业务部的总经理。当时他年仅33岁,是这家大公司有史以来最年轻的总经理。

谁都有梦想,但是光说不做是不可能获得成功的,做行动的巨人才是最实在的!如果只是沉浸在不切实际的幻想中,梦想着天上掉馅饼,而不是脚踏实地付诸行动,那么幻想恐怕永远都只是幻想。只有积极行动,才能将幻想变成现实。

同样,在企业中,只有积极行动才能解决工作中的实际问题。一个总是喜欢空谈，而没有主动行动精神的员工是没有战斗力的，企业不需要这样的员工。只有立即行动，迅速落实，想法才能变成现实。

所以说，行动比想法更重要！为了更加顺利地工作，取得事业上成绩，凡事一定要积极地付诸行动。一次行动胜过百遍胡思乱想，说一尺不如行一寸，行动比想法更重要。所以，要做思想上的巨人，不做行动上的矮子。

4. 让思想引领行动，走向成功

思想是一种胸藏天下、气吞山河的雄伟气魄，思想更是一种纵横天下、改变世界的强大力量。拿破仑曾经说过，**世界上有两种东西最有力量，一是剑，二是思想，而思想比剑更有力量！因为剑只能刺破心脏，而思想可以穿透一切！**

一个人富裕，源于思想的富裕；一个人的强大，也缘于思想的强大。思想是行动的动力和前提，有什么样的思想，就会有什么样的行动——不论是一个组织还是一个个人。

> 珍奥集团董事长陈玉松先生在《思想力》一书中强调，企业首先应该是一个思想者，一个群体的思想者。企业的货币，不仅表现在财富方面，更主要的是思想。思想的每一丝紊乱，都会使企业遭受挫折，甚至是颠覆性毁灭。因此对个人而言，成功在于思想境界；对企业来讲，成功在于思想力。

确实是如此，成功在于思想。而思想是行动的前提和动力，倘若思想是美好的、具有建设性的，那么结果一定是美好的；倘若思想是低俗的、恶劣的，那么结果一定是不幸的。结果是善与恶、幸与不幸的奥秘所在，而这一切全都是由思想来主宰的。

> 世界上最伟大的投资家巴菲特的成功正是源于他的投资思想，比尔·盖茨引领微软成功的不是他的软件编写能力，而是他

高瞻远瞩的思想。比尔·盖茨的软件编写能力绝比不上今天任何一个计算机专业毕业生，他也没有高学历，他的成功就在于他的思想能超越同时代很多人，甚至超越当年 IBM 的精英总裁们。他在微软鼎盛时选择卸去日常管理事务，也是为了去作更多的思考。当年洛克菲勒能成为世界石油霸主，他的标准石油与今天的家族企业有何异？但你看看《洛克菲勒日记》，他的思想远比当时无数的石油业经营者领先，直到今天，标准石油公司的许多管理方法仍被企业家们模仿照抄。

可见决定企业兴亡的并不是产品质量、技术水平、管理能力、信息化程度等，这些只不过是表象，而真正隐藏于身后的，是思想。**企业之间残酷的竞争，实际上是企业高层的思想较量。**

思想是一切成功之因。为什么有人失败，而有的人成功？事实告诉我们，一个人成败的决定性因素是建立在个人的思想、思维上。心理学的一句名言就是“成功的思想决定成功，失败的思想决定失败”。思想决定一切，你的思想决定你的心情、你的心态、你的行为与你的人生。所以积极的、正面的、成功的思想是一个人成功不可缺少的元素之一。

积极的、正面的思想可以有力地促进一个人的成功。一个人如果有了积极思想就具备了成功的先决条件，积极思想的力量惊人，任何失败都能透过积极思想来解决。积极思想能战胜困难、战胜挫折。积极思想能培养良好的人际关系，积极思想能使人感到更多的生命乐趣；积极的思想可以战胜恐惧处变不惊，可以使人活得轻松，可以使人突破困境，可以造就健康长寿，可以享受美好姻缘，可以转败为胜，转弱为强……

积极的思想是人生的精神支柱。可以这样说，如果一个人拥有了积极的思想就等于拥有了人生最大的财富。成功总是偏爱具有积极思想的人。我们不妨试一试，把诸如埋怨、嫉妒、愤怒、悲伤、忧虑、自卑、贪婪、狭隘等消极的思想都抛弃掉，时时事事多往“光明”处想，让“积极思想”伴随我们生命的火车前进，就会产生神奇的效果！

认为自己一定会成功的人凡事都非常积极乐观，一旦他掌握住机会就毫不犹豫地立刻行动，即使遇到挫折，也会愈挫愈勇，依然抱成功的希望，他认为世界上只要努力不懈、坚持到底就会成功。尝过成功的果实之后，他的成功信念更会加深。只要成功进入了成功的良性(信心期)循环期，以后的成功就会不断产生了。

相反地，一个认为“不管我做什么事，都不会成功”的人，做事消极被动，悲观，犹豫不决，不敢行动，就算行动，遇到一点小挫折会立刻放弃，导致他总是失败，失败以后，他又更加认定自己“能力不够，且就命不好，运不好”，结果他做什么都不会成功。

一个“失败的思想”会导致失败，曾经失败的人最怕受伤害，也更害怕失败，最后进入失败的恶性循环期，导致他不敢再尝试，结果失败到底，全然失败。

成功的想法导致成功，失败的想法导致失败，这是千古不变的定律。一台没有装设软件的电脑，就像是一堆废铁。一个没有思想的人，就是一个废人。然而一个没有成功思想的人，就像一个失去动力的火车，你要他如何成功呢？

失败的人，有太多的负面思想，凡事都喜欢往牛角尖里钻，往坏处想。凡对事情不抱希望的人，常常会有太多负面的语言，每天不是批评这个，就是抱怨那个，不是认为这个不行，就是认为那个办不到。所以失败的人，永远是不责备自己且喜欢怨天尤人的人。

你必须每天问自己，我今天有哪些思想是负面的，有哪些思想是失败的，养成自我检讨分析的习惯，这样你的人生才会有进步、有希望。

思想是行动的指南，有什么样的思想，就有什么样的行动。同样，有什么样的行动，必然也是因为有什么样的思想。

我国古语也有言“行成于思”，思想是行动的先导，思想是创造的源泉，有好的思想才会有好的行动。让好思想引领行动，就可以把工作做到最好，抵达成功。

日本有位职业医生，经常到外地行医，一去就是几天几夜。有时赶不及，便在汽车上过夜，很不方便。汽车上为什么不安一张床，供跑长途的司机休息用呢？

有了这个想法，他一有空便琢磨汽车安床问题，而且不停地实验，终于，他设计出一种汽车座位卧床：很简单，只要对汽车座位稍加改进，改为两用，合上，是车座，推开，就成了活动卧床。这项发明非常切合实际，极受汽车司机欢迎。试用后，医生便把这项专利卖给了汽车制造商，获得1200万日元。

思考是为了行动，是为了在做出选择时不出错或少出错。没有思考时的深邃，就难有行路的高远。思考，是提前为自己开辟一条坦途，是一种精神的介入和创造。

有思想就应该有行动，让思想引领行动，直抵成功。如果自己曾经有许多好的想法却因为没有行动而错失了机会，结果在不长的时间就看见有人在做了，虽然自己做不一定能够成功，但是有了想法而不去做，就是懒惰在作怪，许多好的想法都是转瞬即逝，再回头看见别人的成功和胜利，那种无奈和遗憾肯定比失败更让人心中不甘，所以行动是非常重要的。没有行动，就绝不可能有成功。

如何走向成功？成功首先是一个动词，意味着行动，意味着百思不如一做。

你也许有一个出色的想法，但其实你怎么想的并不重要，而是要敢于去做；既然想到了，为什么不去做？一个人的命运把握在自己的手中，美好的生活来自于自身的努力、自身的行动。想成功，就一定要立即行动！立刻行动！马上行动！现在就去做，千万不要犹豫。在你的思想指引下，用行动向成功挺进，向理想迈进！

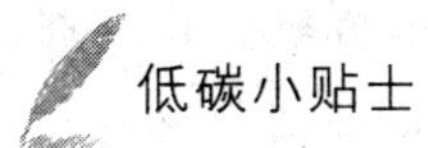

汽车驾驶省油的误区

误区一:短暂停车熄火可省油

车子熄火不工作肯定能省油,但还存在另一个问题:发动机每次启动的瞬间油耗都很大,通常会高出正常工作状态20%左右,孰省孰耗不能一概而论。有些车主在短时间停车时喜欢熄车,现在可能要考虑停留时间了。此外,发动机作为车子的心脏,多次熄火、启动势必降低其使用寿命。

误区二:手动挡比自动挡更省油

手动挡比自动挡省油似乎是很多车主根深蒂固的观念。现在可能要稍作改变了。在以前,自动挡这一概念在很大程度上被局限在普通四前速自动挡上。在汽车技术发展快速的今天,五速自动挡、六速自动挡甚至七速自动挡都已经配备在一些新车上,变速箱齿轮比的设计也因此发生了一些变化。手动挡比自动挡省油的说法已经不是一种科学的说法。此外,由于驾驶技术和驾驶习惯上的不同,手动挡车型比自动挡车型耗油也很有可能。

误区三:排量越小越省油

一般来说,小排量车型比大排量车型耗油少,但这也不是绝对的。很多排量大的车型由于采用轻量化车身,同时也配备了先进的发动机等,实际油耗并不高很可能比小排量车还要少。这是一种综合考量的结果。

误区四:动力越足越耗油

大功率、大扭矩很容易令人联想起高油耗。其实这跟厂家对车型的调校有很大的关系。有些发动机技术先进,其产生的动力输出非常平顺充沛，线性好，在常用的转速范围下就可以到达最大输出功率和峰值扭矩，充分支持车子行驶。这种情况下车子不会出现想象中的高油耗。相反，小马拉大车的情况倒不少见，由于动力不足，油耗反倒直线上升。

误区五：节油产品真的有效

目前，国内还没有确切的标准可以评价节油产品的节油效果，在这方面最好还是采取谨慎态度。许多汽车厂商在发动机开发、整车研发等过程中，已经注意到节油的问题，很多车型出厂时就具备了合理的节油装置，贸然对其进行改装很容易“偷鸡不成蚀把米”。现在市面上的节油产品种类繁多，原理不一。对这类产品最好还是采取谨慎态度，不要迷信宣传出来的效果。根据相关调查，因为加装了“节油装置”而对车子造成损害的情况并不少见，但节油效果却毫不明显。